HAMBURGER GEOGRAPHISCHE STUDIEN

Herausgegeben von ALBERT KOLB und GERHARD OBERBECK

Schriftleitung ILSE MÖLLER

HEFT 19

UNTERSUCHUNGEN ZUM LANDSCHAFTSHAUSHALT IN AUEN DER HAUENSTEINER MURG

Unter besonderer Berücksichtigung der Bodenbildungen

von

WALTER BECKMANN

HAMBURG 1965

Im Selbstverlag des Instituts für Geographie und Wirtschaftsgeographie
der Universität Hamburg
In Kommission bei Cram, de Gruyter & Co., Hamburg

Die Abhandlung wurde am 11. Dezember 1963 von der Mathematisch-Naturwissenschaftlichen Fakultät der Universität Hamburg unter dem Dekanat von Prof. Dr. J. Weck auf Antrag von Prof. Dr. A. Kolb als Dissertation angenommen.

Hergestellt bei Ludwig Appel, Hamburg

VORWORT

Die Anregung zu dieser Arbeit entstand aus einer bodenkundlichen Aufnahme im Südschwarzwald, die im Sommer 1961 durchgeführt wurde.

Meinen verehrten Lehrern, Herrn Prof. Dr. A. Kolb und Herrn Prof. Dr. W. L. Kubiena, danke ich für die wohlwollende Unterstützung der hier vorgelegten Arbeit.

Mein Dank gilt besonders auch Herrn Dr. habil. W. Krause, Donaueschingen, der mich mehrfach in das Gelände einführte und der mir darüber hinaus in großzügiger Weise seine z. T. noch unveröffentlichten Vegetationsaufnahmen und -karten zur Verfügung gestellt hat.

Der Schluchseewerk AG, Freiburg/Br., danke ich für die Überlassung einer Reihe von Beobachtungsergebnissen zum Grund- und Bodenwasserhaushalt in Hottingen.

Walter Beckmann

Inhaltsverzeichnis

Abbildungsverzeichnis

0. Einleitung

0.1. Vorbemerkungen

Die komplexe Erforschung einer Landschaft, d. h. die funktionale Analyse der wechselseitig zusammenwirkenden physiogeographischen Faktoren, ist ein besonderer Forschungszweig der physischen Geographie, den PASSARGE [1930] als „Physiologie der Landschaft" bezeichnet hat und den wir heute nach einem Vorschlag von TROLL [1950] „Landschaftsökologie" nennen. Ihm wird in letzter Zeit besondere Aufmerksamkeit gewidmet.

HAASE [1961] unterscheidet zwei Arbeitsrichtungen der landschaftsökologischen Forschung, die allerdings eng zusammengehören: Einmal sollen die Verflechtungen der physiogeographischen Faktoren, die innerhalb eines landschaftlichen Gesamtkomplexes untereinander verbunden sind, erkannt werden. Zum anderen sollen daran anschließend durch landschaftsökologische Forschung die Größe und die Verbreitung sowie die Vergesellschaftung von Physiotopen [SCHMITHÜSEN 1948 und 1953, NEEF, SCHMIDT u. LAUCKNER 1961] festgestellt werden. Die einzelnen physiogeographischen Faktoren müssen möglichst nach Maß und Zahl erfaßt werden, wobei auf mehrjährige Meßreihen, zumindest für Testflächen, großer Wert gelegt werden muß [HAASE 1961].

Die Wege, die zur Aufnahme von Einzelfaktoren benutzt werden, sind außerordentlich verschieden. NEEF, SCHMIDT u. LAUCKNER [1961] vertreten die Ansicht, daß nur die Erfassung der Einzelkomponenten nach Maß und Zahl wissenschaftlich zureichende Aussagen ermöglicht. Der Verwirklichung dieser Forderung stehen aber im allgemeinen große Schwierigkeiten entgegen, weshalb sich derartige Aufnahmen auch meist auf Standorte in näherer Umgebung von Instituten oder Versuchsanstalten beschränken; zudem werden auch bei landschaftsökologischen Arbeiten meist nur einer oder wenige ausgewählte Faktoren in dieser Weise untersucht. HAMBLOCH [1957], NEEF [1960] und NEEF, SCHMIDT u. LAUCKNER [1961] z. B. beschränken sich auf den Bodenwasserhaushalt, der ein Indikator für die Zusammenhänge zwischen Klima, Relief, Hydrologie und Vegetation sein soll. Jedoch liegen regionale Anwendungen dieser Methode noch nicht vor (vgl. auch BORCHERT [1962]).

Auch sehr kurzfristige Meßreihen können — wie mehrfach gezeigt wurde — bei geeigneter Versuchsanstellung einen guten Aufschluß über ökologische Verhältnisse auf kleinstem Raum geben. Das gilt sogar für Klimafaktoren, wie z. B. REICHELT [1955] für das hier zu besprechende Gebiet nachgewiesen hat.

In zahlreichen anderen Arbeiten werden landschaftsökologische Untersuchungen jedoch ganz unter Verzicht auf Meßreihen vorgenommen. Besonders Bodenuntersuchungen und Vegetationsaufnahmen werden dann durchgeführt. Gerade die Pflanzenbestände geben selbst feinste Standortsunterschiede wieder, und die Bodenbildungen, insbesondere die Humusformen erlauben — bei geeigneten Untersuchungsmethoden — weitreichende Schlüsse auf das Zusammenwirken und die Einflüsse der übrigen physiogeographischen Faktoren. Bei solchen Untersuchungen sind aber Bodenfeuchtigkeit und Bodenwasserhaushalt, die in letzter Zeit häufig im Vordergrund der Untersuchungen standen, nur kleine Details aus der Gesamterscheinung „Boden".

In der vorliegenden Arbeit wird daher versucht, auch noch andere Aussagemöglichkeiten des „Bodens" zu verwenden. Dazu muß neben mehrjährigen Grund- und Bodenwasserbeobachtungen sowie physikalisch-chemischen Bodenanalysen vor allem die mikromorphologische Bodenuntersuchung mit Hilfe von Bodendünnschliffen herangezogen werden. Mit dieser von W. Kubiena [ab 1937] entwickelten Methodik sind mikroskopische Untersuchungen am Materialverband im Boden und Beobachtungen der Zersetzungsbedingungen der pflanzlichen Bestandteile im Humushorizont usw. möglich. Dabei sind Änderungen im Verlauf und der Art der Zersetzung im Präparat bald erkennbar. Art und Aufbau des mikroskopischen Bodengefüges geben eine Reihe von Hinweisen auf den Wasserhaushalt des Bodens in seinen verschiedenen Horizonten sowie auf die Durchlüftungsverhältnisse und die Stabilität der Bodenstruktur.

Bei den durchgeführten Untersuchungen wurde angestrebt, sowohl einzelne Faktoren wie auch gerade ihr Zusammentreffen in der flächenmäßigen Verbreitung festzuhalten. Es ist nämlich auffällig, daß in vielen Arbeiten, die sich mit der Landschaftsökologie befassen, die physiogeographischen Einzelkomponenten nur nacheinander abgehandelt werden, entweder beschreibend oder messend beobachtend. Ein abschließendes und zusammenfassendes Kapitel, in dem das Zusammentreffen gleicher oder verschiedener Zustandsstufen der Einzelfaktoren kartenmäßig dargestellt und bewertet wird, fehlt vielfach.

Für eine rationelle Kartierung landschaftsökologischer Aufnahmen bedient sich Haase [1961] des Catenaprinzips und untersucht so Hanggestaltung und durch sie bedingte ökologische Differenzierungen. Jedoch bleibt es auch bei Haase [1961] eine lineare Kartierung; die flächenmäßige Verbreitung ökologischer Verhältnisse wird nicht gezeigt. Dabei erlaubt aber gerade dieses für die Bodenaufnahme in tropischen Großraumländern entwickelte Verfahren bei angemessener Anlage der Catenen und genügender Dichte des Catenennetzes äußerst kleinräumige Aussagen über die flächenhafte Verbreitung von Bodenbildungen und ihre Vergesellschaftung. Dieses Verfahren wurde in der vorliegenden Untersuchung vorwiegend angewandt und erlaubte eine sehr rationelle und genaue Aufnahme von Bodenarten, Bodentypen und Humusformen im Gelände.

Die genaue Untersuchung und Kartierung der Bodenbildungen ist nicht nur für die Kenntnis des Gesamthaushaltes wichtig, sie ist auch im Untersuchungsgebiet von rein bodenkundlichem Interesse, da die Böden an Hängen und auf Hochflächen, besonders aber in Auen des Hotzenwaldes bislang nur wenig untersucht worden sind. Hinzu kommt, daß im Untersuchungsgebiet in naher Zukunft entscheidende Eingriffe in die landschaftsökologischen Verhältnisse zu erwarten sind, wodurch die hier vorgelegten Ergebnisse auch den Wert einer Bestandsaufnahme haben.

Demnach werden in der vorliegenden Arbeit zunächst die wirksamen physiogeographischen Faktoren im einzelnen aufgenommen; eine besondere Berücksichtigung erfahren dabei die Bodenbildungen. Aufgrund dieser Kenntnisse wird dann das funktionale Zusammenspiel dieser Faktoren als Ganzes, also der Landschaftshaushalt untersucht. Das Bestreben geht dahin, bestimmte landschaftsökologische Verhältnisse zu unterscheiden und dann deren flächenhafte Verbreitung im Untersuchungsgebiet zu kartieren.

0.2. Das Untersuchungsgebiet

Das hier bearbeitete Gelände befindet sich im südlichen Teil des Schwarzwaldes, dem Hotzenwald. Der Hotzenwald umfaßt historisch gesehen die alte Herrschaft Hauenstein; der Landschaftsbegriff reicht jedoch weiter: Allgemein bezeichnet man als Hotzenwald das Gebiet östlich der Wehra bis zur Schlücht und Steina; die N—S-Erstreckung reicht von der Linie Todtmoos — St. Blasien bis zum Hochrhein. Im westlichen Teil dieses Gebietes fließt die Hauensteiner Murg (im folgenden stets nur Murg genannt). Die Murg entspringt einige Kilometer südlich von Todtmoos und erreicht nach etwa 20 km langem Lauf den Hochrhein. Am Mittellauf der Murg befindet sich die Gemarkung Hottingen, das Hauptuntersuchungsgebiet (vgl. Abb. 1, S. 3). Zum Vergleich und zur Prüfung der dort gewonnenen Ergebnisse sowie als Anwendungsbeispiel der entwickelten Methoden landschaftsökologischer Gliederung wurden weitere Beobachtungen an anderen Augebieten der Murg, besonders in der Gemarkung Giersbach, durchgeführt (vgl. Abb. 1).

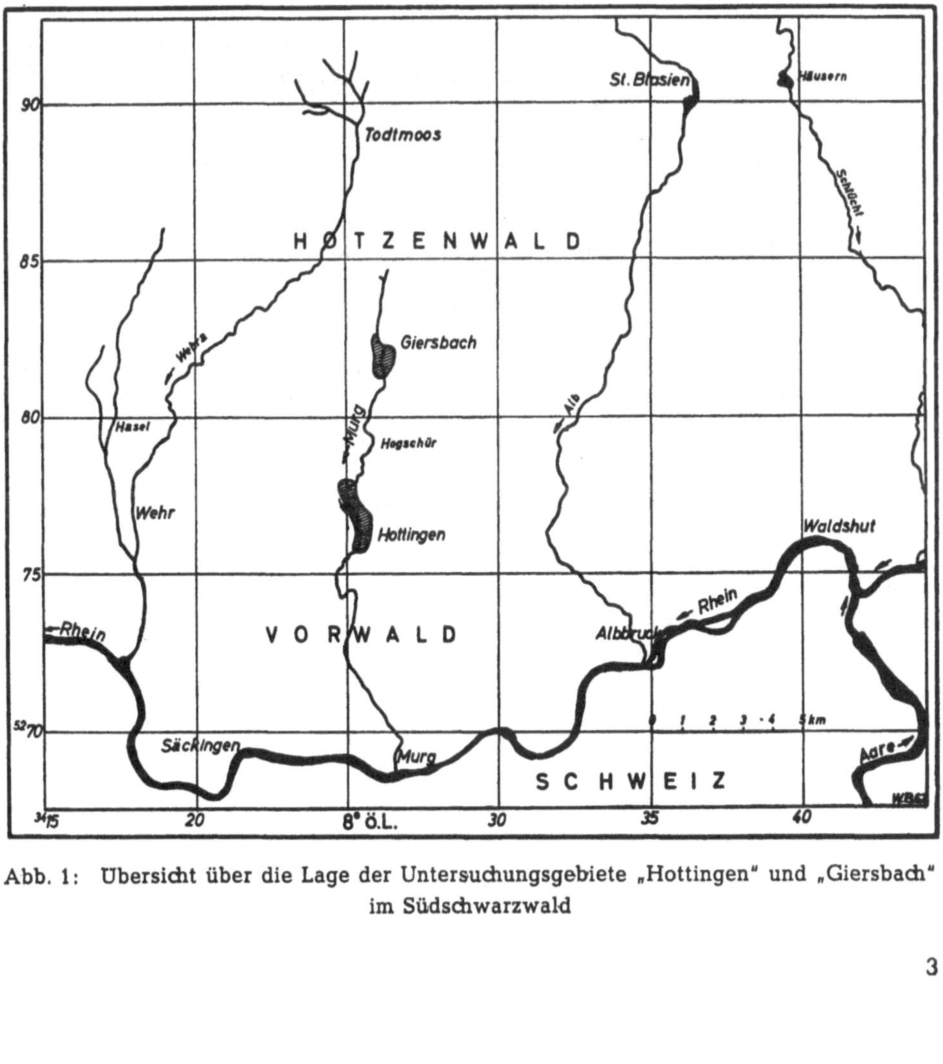

Abb. 1: Übersicht über die Lage der Untersuchungsgebiete „Hottingen“ und „Giersbach“ im Südschwarzwald

Die mittlere Höhenlage des Untersuchungsgebietes Hottingen beträgt etwa + 680 m NN; es liegt also im unteren Teil der montanen Stufe des Schwarzwaldes (nach BARTSCH [1942]). Das Vergleichsgebiet Giersbach befindet sich in + 860 m NN, also im oberen Teil derselben Stufe.

Die Untersuchungsergebnisse für das Gebiet Hottingen werden in den folgenden Kapiteln 1 bis 6 (S. 6—54) ausführlich beschrieben; das Kapitel 7 (S. 54 ff.) bringt dann die Ergebnisse für das Vergleichsgebiet Giersbach.

0.3. Die Untersuchungsmethoden

Zum Verständnis des Gesamthaushaltes einer Landschaft ist eine genaue Aufnahme der physiogeographischen Einzelfaktoren notwendig. Sie werden in den folgenden Abschnitten dieser Untersuchung zunächst nacheinander besprochen. Im daran anschließenden Kapitel 6 „Landschaftshaushalt" (S. 44 ff.) werden die Zusammenhänge zwischen ihnen diskutiert. Dabei wird versucht, Konstellationen verschiedener Zustandsstufen der Einzelfaktoren auch in ihrer flächenhaften Verbreitung darzustellen; und zwar werden Flächen, in denen gleiche oder ähnliche landschaftsökologische Verhältnisse herrschen, gegeneinander abgegrenzt. Die Definition der Unterscheidungsmerkmale zwischen verschiedenen Standorten sowie die Definition landschaftsökologischer Verhältnisse wird im Kapitel 6.0. „Methodische Vorbemerkungen" abgegeben.

Die geologischen Verhältnisse im Untersuchungsgebiet sind von METZ u. REIN [1958] ausführlich beschrieben und in einer geologisch-petrographischen Karte 1 : 50 000 dargestellt worden.

Die Oberflächenformen im Arbeitsgebiet wurden bei zahlreichen Geländebegehungen aufgenommen. Die terrestrischen Beobachtungen zur Morphologie konnten insbesondere bei der Kartierung weitgehend durch die Auswertung stereoskopischer Luftbilder ergänzt werden.

Das Klima des Hotzenwaldes ist — besonders auch im Arbeitsgebiet — von MANIG u. SCHIRMER [1961] sehr ausführlich untersucht worden. Daneben konnten fünfjährige Meßreihen des Niederschlags der 1954 eingerichteten Wetterstation Hottingen verwendet werden. Diese Daten sind zur Auswertung der in gleichen Reihen vorliegenden Grund- und Bodenwasserbeobachtungen notwendig.

Die Vegetation wurde im Untersuchungsgebiet sehr genau von KRAUSE aufgenommen. Die noch nicht veröffentlichten Ergebnisse (in zwei großmaßstäbigen Karten niedergelegt) wurden dem Verfasser freundlicherweise zur Verfügung gestellt und bei mehreren Geländebegehungen von Herrn Dr. KRAUSE weiter erläutert.

Zur Hydrographie konnte in Hottingen eine Reihe von mehrjährigen Meßreihen verwendet werden. Wasserstände und Abflußmengen der Murg sind durch Beobachtungen am Pegel Hottingen bekannt. Die dort gewonnenen Messungen wurden bei fünf Geländebegehungen durch Beobachtungen an anderen Stellen des Murgbettes ergänzt. Für die künstlichen Oberflächengewässer wie Wuhren und Gräben liegen ebenfalls mehrjährige Beobachtungsreihen auf Wasserführung und -füllung vor. Sie ermöglichten einen Einblick in die derzeit noch durchgeführten Bewässerungsmaßnahmen. Der Grund- und Bodenwasserhaushalt in den Talauen von Hottingen ist ebenfalls durch mehrjährige Beobachtungen an zahlreichen Meßstellen bekannt. Installiert wurden 12 Ein-Meter-Brunnen und 2 Schreibpegel von 3 m Tiefe. Diese Daten werden durch eigene Beobachtungen über Bodenfeuchtigkeit und Wassergehalt in verschiedenen Böden im Rahmen der Bodenaufnahmen ergänzt.

Die Bodenbildungen des Untersuchungsgebietes Hottingen wurden wie folgt untersucht: Unter Einschluß von 12 Bodeneinschlägen in den wichtigsten Pflanzengesellschaften wurden zunächst sieben Catenen gelegt. Sie ließen erkennen, daß neben etwa fünf Hauptbodentypen und Humusformen eine ganze Reihe von sehr verschiedenen Übergangsformen vorkommt. Daher wurden später noch zahlreiche weitere Catenen angelegt; sie wurden als Hangquer- wie auch als Hanglängsprofile geführt. Die vorkommenden Bodenarten, Bodentypen und Humusformen sowie die Übergänge zwischen ihnen wurden innerhalb der Catenen durch etwa 300 Bohrungen mit dem 1 m-Bohrstock aufgenommen. Der Abstand der Bohrungen betrug im Mittel etwa 10 m. Dabei stellte sich heraus, daß in manchen Teilen des Untersuchungsgebietes ein noch weitaus kleinräumigerer Wechsel in den Boden- und Humusbildungen vorkommen kann. Daher wurden auf einer ausgewählten Testfläche außerdem noch drei 60 m lange Bohrreihen angelegt, bei denen alle 3 Meter eine Bohrung gemacht wurde. Die Ergebnisse dieser Aufnahme wurden im Maßstab 1 : 200 gezeichnet. Die Bodentypen und Humusformen des ganzen Gebietes wurden in mehreren Karten im Maßstab 1 : 1500 dargestellt. Ein kleinerer Maßstab hätte wegen des raschen Wechsels der Erscheinungen zu übermäßigen Vereinfachungen gezwungen. Die Lage der Kartenausschnitte zeigt die Abb. 2 (S. 5); außerdem sind dort die Flurnamen eingetragen.

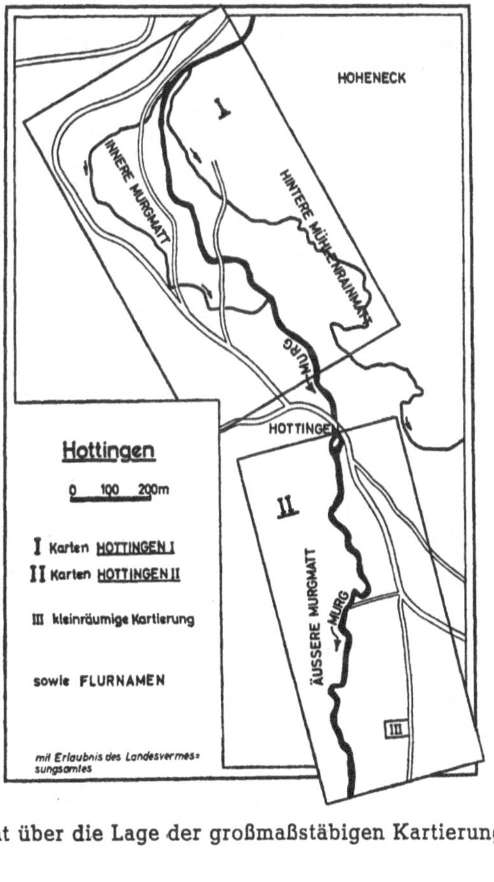

Abb. 2: Übersicht über die Lage der großmaßstäbigen Kartierung in Hottingen

Die Bodenaufnahmen wurden bei mehreren Begehungen während verschiedener Jahreszeiten durchgeführt. Dadurch konnten auch Beobachtungen zur Phänologie der Humusbildungen und der Bodenstruktur gemacht werden. Gerade diese Fragestellungen verlangen die mikromorphologische Untersuchung anhand von Bodendünnschliffen.

1. Geologie und Morphologie in Hottingen

1.1. Geologische und petrographische Übersicht

Der Grundgebirgskörper des Hotzenwaldes zeigt zwei Baueinheiten: Den größeren nördlichen Teil bildet das Südschwarzwälder Granitgebiet, das sich in einem breiten Streifen vom Markgräfler Hügelland bis zur Klettgau-Flexur hinzieht; den südlichen Teil des Hotzenwaldes bildet die Vorwaldscholle, die südlich der Vorwaldstörung von der Bruchzone von Wehr bis zum Hochrhein reicht. Am oberen Rande der Vorwaldscholle, direkt unterhalb und zum Teil auf der Vorwaldstörung, befindet sich das Untersuchungsgebiet.

Die Vorwaldscholle wurde nach Metz u. Rein [1958] im Tertiär, genauer im Eozän — Oligozän [Erb 1948], vom Schwarzwald abgelöst und später aufgekippt. So entstand eine nach SE geneigte Pultfläche; die Verstellung war im Westen am stärksten. Die Sprunghöhe an der Vorwaldstörung beträgt bei Hottingen 150 m und klingt zur Alb hin ab. Nach Metz u. Rein [1958] ist die Vorwaldscholle von der jungen (nachrißzeitlichen) Aufwölbung, die das nördlich anschließende Südschwarzwälder Granitgebiet noch erfaßt hat, nicht mehr betroffen worden.

Im Pleistozän trug der Schwarzwald mehrfach Gletscher von verschiedener Ausdehnung. Besonders die Verbreitung der Vereisungen nach Süden ist in letzter Zeit oft Gegenstand von Untersuchungen gewesen [Pfannenstiel 1958, Reichelt 1960 a, b, c und andere]. Dabei stand die Rißvereisung im Vordergrund. Pfannenstiel [1958] gibt für das Murgtal als letzten gesicherten Aufschluß mit Riß-Erratika die Hetzlenmühle an, die etwa 4 km nördlich Hottingen liegt. In einer Karte ist die Südgrenze des Schwarzwald-Riß dann aber — als ungesichert bezeichnet — bis südlich der Vorwaldstörung, also bis in die Gemarkung Hottingen eingezeichnet. Reichelt [1960 b-c] zeichnet in einer Karte die Südgrenze des Rißeises bis an das Südende der Talweitung von Hottingen. Nach Reichelt [1960 b] reicht das Rißeis im Murggebiet bis zum Pfaffenstegmoor und -riegel, also bis an das südliche Ende der Talauen und den Beginn der jungen Engstrecke der Murg. Weiterhin soll Eis zum „Alten Weiher" und zum Andelsbach geflossen sein, also von der Äußeren Murgmatt nach SE. Reichelt glaubt mit seinen Beobachtungen auch ältere Autoren bestätigen zu können, z. B. Huber [1905], der das Murgtal bei Hottingen als „unzweifelhaftes Gletschertal von sehr altem Typus" bezeichnet hat (zitiert nach Reichelt [1960 b]).

Während der Würmvereisung reichten die Gletscher im Murgtal nach Pfannenstiel [1958] bis zum Gugelberg bei Giersbach, nach Reichelt [1960 b] bis in den Hogschürer Kessel. Das Würmeis hat das Untersuchungsgebiet also nicht erreicht.

Die Karte 1 gibt eine geologisch-petrographische Übersicht über das Murgtal zwischen Giersbach und Hottingen. Sie zeigt, daß im Untersuchungsgebiet eine Reihe verschiedener Gesteine auftritt. Bis an die Oberfläche anstehend finden sie sich jedoch nur an steilen Hängen der Vorwaldverwerfung, sowie an steilen Hangpartien, Bergspornen und Hangstirnen. Auf den Hochflächen und den flachen, besonders den konkaven Hangpartien, die die Talauen umrahmen, sind sie von einer mächtigen Schuttdecke verhüllt. In den Talauen selbst sind sie durch glaziale Ablagerungen und durch Sedimente der Murg bis zu einigen Metern überdeckt.

Im Engtal der Murg in der Vorwaldstörung, sowie westlich und östlich davon stehen diatektisch veränderte Paragneise des Wehra-Wiesentalkomplexes an [Metz u. Rein 1958]. Es handelt sich dabei um Migmatite, die ganz verschiedene Zusammensetzung haben können.

Östlich der Murgschlucht, östlich der Hinteren Mühlenrainmatt und westlich der Inneren Murgmatt findet sich Albtalgranit. Er ist grobkörnig und massig und zeichnet sich durch sehr große Feldspatkristalle aus. Westlich der Inneren Murgmatt (anschließend an die Migmatite der Vorwaldverwerfung) und allgemein südlich des Albtalgranites sind Paragneis-Anatexite vom Typ Hauensteiner Murgtal zu beobachten. Abgesehen von diesen Gesteinen des Grundgebirgskörpers tritt lokal auch Buntsandstein (s_0) auf. Eine größere zusammenhängende Fläche liegt östlich von Hottingen. Östlich der Äußeren Murgmatt liegt ihre Grenze nahe den Talauen.

Die Sedimente verschiedenster Entstehung und Herkunft, die in den Talauen vorliegen, bestehen zu ihrem überwiegenden Teil aus Verwitterungsmaterial von Gneisen und Graniten. Bei glazialem bzw. fluvioglazialem Material sind z. T. Syenite und andere weiter nördlich anstehende Gesteine zu beobachten.

1.2. Morphologie

1.2.0. Vorbemerkungen

Die auffälligste morphologische Erscheinung im Untersuchungsgebiet ist die Vorwaldverwerfung. In sie hat sich die Murg mit einem engen und steilen Tal eingeschnitten. Vor dem Ausgang dieses Engtales beginnt mit einem großen Schwemmfächer die Talweitung von Hottingen, die sich etwa 3 km weit nach Süden erstreckt. Sie ist durch einen etwa 20—50 m hohen Niveauunterschied in die umrahmenden Hänge und Hochflächen südlich der Vorwaldstörung eingeschnitten.

Es sind also in der Gemarkung Hottingen mehrere morphologische Erscheinungen deutlich zu unterscheiden: die Vorwaldstörung mit der Murgschlucht, die umrahmenden Hänge, die anschließenden Hochflächen und die Talauen.

1.2.1. Vorwaldverwerfung und Murgschlucht

Die Vorwaldverwerfung bildet bei Hottingen einen etwa 80 m hohen und sehr steilen Hang (vgl. Foto 1, Anhang). Der obere Rand der Stufe ist durchgehend als scharfer Knick ausgebildet; nach oben anschließend geht das Gelände — mit abnehmender Neigung — in die Hochfläche des Südschwarzwälder Granitgebietes über. Das Luftbild (Foto 4) zeigt — auch bei nichtstereoskopischer Betrachtung —, daß der Hang der Vorwaldstörung westlich der Murg bedeutend flacher ausgebildet ist als östlich von ihr (bewaldet). Unmittelbar östlich und westlich der Murgschlucht ist der Hang besonders steil; Geröll und große Blöcke von Gneisen und Graniten bedecken ihn. Die Murgschlucht ist bis zum Pegel Hottingen, der in + 710 m NN liegt, sehr eng; die Murg fließt bis hierher zwischen Steinen und Geröll. Erst kurz vor dem Ausgang der Schlucht öffnet sich das Tal trichterförmig auf etwa 60 m Breite (vgl. Foto 2).

Die Hänge sind mit Blockhalden bedeckt, die Größe der Blöcke erreicht im Flußbett der Murg und im Unterhang durchaus 2—4 m Durchmesser. Hangaufwärts nimmt die Größe der Steine rasch ab. Bis mindestens zur halben Hanghöhe liegen sie noch frei an der Oberfläche, nur überzogen von einem Tasca-Ranker; nach oben anschließend sind sie durch eine dünne Bodendecke verhüllt und durchragen diese nur noch vereinzelt.

1.2.2. Hänge und Hochflächen

Die östliche steile Flanke der Murgschlucht geht etwa 80—100 m südlich in einen weniger steilen konvexen Hang über (Karte 2). Schon 50 m südlich der Murgschlucht verschwinden Steine und Blöcke unter einer mächtigeren Feinerde- und Schuttschicht. Dabei handelt es sich meist um eine spätglaziale Solifluktionsdecke, wie sie im südlichen Schwarzwald sehr verbreitet vorkommt. Auf dem anstehenden Gestein (Gneise) zeigt sich dabei eine wechselnd starke Decke von grobem scharfkantig-scherbigem Schutt; dieser geht nach oben in einen steinreichen sandigen Lehm über. In der Hinteren Mühlenrainmatt ist der untere Teil des Hanges mehrfach in kleinere Stufen aufgelöst; diese verdanken ihre Entstehung z. T. der Erosion, z. T. aber auch der schon sehr lange geübten Wiesenwässerung, die durch Zu- bzw. Abfuhr von Feinmaterial das Kleinrelief verändert hat. Da zudem in verschiedenen Teilen des Hanges auch zahlreiche Quellaustritte und Quellfluren vorhanden sind, deren Wasser abgeführt wird, ist der Hang durch senkrecht geführte Gräben auch in senkrechte Rücken und Dellen aufgelöst worden (vgl. Foto 3). Weiter oben (oberhalb der Hänner Wuhr) fehlen diese. Hier ist der Hang relativ eben, er steigt wesentlich langsamer an, nimmt aber später nahe der Vorwaldstörung wieder steilere Formen an. Die Breite des Streifens mit schwächerer Neigung nimmt nach Süden, d. h. mit zunehmender Entfernung von der Vorwaldverwerfung rasch zu. Östlich der Murg hat sich in die Vorwaldverwerfung der Altbach eingeschnitten; der Talschluß ist wannenartig.

Im Süden trennen die etwas steiler ansteigenden „Bühl" und „Alten" die Talauen der Murg von der Weihermoosmatte, die durch den Schwarzbach entwässert wird. Über eine Einsenkung zwischen Bühl und Alten ist nach Reichelt [1960 c] eine Zunge des Murggletschers (Riß) in den Alten Weiher vorgedrungen.

Die Talauen der Murg enden am Pfaffensteg. Hier beginnt das junge Erosionstal der Murg, das bis zum Hochrhein reicht. Es ist außerordentlich tief und steil eingeschnitten. Die rückwärtsschreitende Erosion hat von der Erosionsbasis Hochrhein her jetzt die Talauen von Hottingen erreicht und dringt in sie ein. Dies ist z. T. sehr deutlich am Murgbett zu erkennen (vgl. Kap. 1.2.3.). Es drückt sich auch darin aus, daß der westliche Rand der Äußeren Murgmatt deutlich als junger Prallhang ausgebildet ist. Die Murg unterschneidet den Hang, so daß Erdrutsche vorkommen. Der obere Teil des Hanges ist meist ebenfalls noch recht steil, er geht mit scharfem Knick in die relativ ebene und kaum geneigte Hochfläche westlich Hottingen über.

Dort, wo die Murg von Westen Zuflüsse erreichen, sind diese in engen und steilwandigen Tälchen tief eingeschnitten. Der Talschluß ist auch hier stets wannenartig, die Mündung in die Murg als Stufe ausgebildet, so daß das Gefälle an der Mündung größer ist als im Oberlauf der Bäche. Zwischen diesen Tälchen springen steilkonvexe Bergnasen und Sporne vor. Ihre Formen sind abgerundet und nur am Prallhang der Murg scharf abgeschnitten. Am nördlichen Ende der Äußeren Murgmatt endet der Prallhang, von hier an fließt die Murg am östlichen Rande der Talauen oder in ihrer Mitte. Die Hangformen der Inneren Murgmatt nördlich der Ortschaft ähneln — abgesehen vom Prallhang — denen, die südlich vorhanden sind. Auch hier sind einige kurze Zuflüsse zu beobachten, die gleiche Talformen entwickelt haben. Hier sind zwischen ihnen ebenfalls steilkonvexe Bergsporne und -nasen erhalten und greifen zu den Talauen vor. Die ebene und nur schwach geneigte Hochfläche westlich Hottingen geht über in den Hang der Vorwaldverwerfung.

1.2.3. Talauen

Die Talauen bestehen aus zwei großen Teilen, dem nördlichen (Innere Murgmatt und Hintere Mühlenrainmatt) und dem südlichen (Äußere Murgmatt und Moos). Beide Teile unterscheiden sich ganz wesentlich.

Die nördliche Hälfte der Talauen hat ein stark gegliedertes Kleinrelief (Karte 2). Unmittelbar vor dem Ausgang der Murgschlucht hat die Murg einen Schwemmkegel aufgeschüttet (Foto 5, Anhang); in ihn schneidet sie sich ein. Nach Reichelt [1960 c] handelt es sich bei den Schwemmkegeln, die aus Seitentälern in das Murgtal geschüttet wurden, nicht um rein fluviatile Bildungen, weil dachziegelartige Lagerung und Einregelung des Materials fehlen. Diese Schwemmkegel sollen auf den eigentlichen Talboden aufgesetzt sein. Dies gilt vor allem für den Schwemmfächer eines Nebenbaches, der von Westen in die Innere Murgmatt geschüttet wurde, es gilt aber auch für den Schwemmkegel der Murg. Gerade für ihn trifft auch die Bemerkung Reichelts [1960 c, S. 93] zu, daß infolge der seit tausend Jahren geübten Bewässerung manche Schwemmfächer Bodenauflagen von über 1 m Mächtigkeit erhielten.

Murgabwärts geht der in seinem oberen Teil deutlich dreieckig angelegte Schwemmfächer dann in einen wechselnd breiten und flachkonvexen Rücken über (vgl. Karte 2). Westlich wird er umflossen von der Kl. Murg, die sich schwach eingeschnitten, aber immerhin die unter der oberen Feinerdedecke liegenden groben Schotter und Steine freigelegt hat. Zwischen der Kl. Murg und dem Straßenhang ist das Gelände ähnlich wie am Rand der Hinteren Mühlenrainmatt durch die Wirkung von Quellfluren und künstlicher Be- und/oder Entwässerung in meist senkrecht verlaufende Mulden und Rücken aufgelöst (vgl. Vordergrund Foto 5). Huber ([1905], zit. nach Reichelt [1960 c]) beschreibt diese Talauen als unregelmäßig und von mehr oder weniger ausgeprägtem Grundmoränentypus.

Südlich Hottingen ist das Relief der Talauen viel ausgeglichener. Reichelt [1960 c] bezeichnet seine Form als „seebodenartig", erwähnt aber auch, daß sich aus der Talsohle einige längliche flache Rücken erheben. Diese Rücken verlaufen etwa parallel zur Murg, der größte befindet sich zudem nahe an der Murg. An ihn schließen sich nach Norden zwei weitere, wesentlich kleinere an (Karte 2). Hangaufwärts nach E folgen einige Mulden, die ebenfalls aneinander anschließen und parallel zur Murg verlaufen. Reichelt [1960 c] hat einige Schotter aus dem größten Rücken nahe der Murg auf ihren Rundungsgrad untersucht und kommt zu dem Schluß, daß es sich nicht um fluviatile Schotter handelt. Huber [1905] hält die Rücken für Grundmoräne.

Der südlichste Teil der Talauen, das Moos, zeigt eine relativ ebene Oberfläche, nur differenziert durch ältere Torfstiche. Die Talauen enden am Pfaffensteg. Bis hierher hat nach REICHELT [1960 b und c] der Murgtalgletscher der Rißvereisung gereicht.

Im Gegensatz zum nördlichen Teil der Talauen schneidet sich hier die Murg stark in den eigentlichen Talboden ein. Die rückwärtsschreitende Erosion hat vom Hochrhein her jetzt die Talauen erreicht. Das Gefälle der Murg zeigt daher in deren letztem Laufabschnitt zwischen der Altbachmündung und dem Pfaffensteg einen weitaus höheren Wert als nördlich davon (35 ‰ gegenüber 13 ‰). Die Erosionskraft ist daher bedeutend stärker, so daß hier aus dem Flußbett alles Feinmaterial ausgeräumt ist und die Murg über Stromschnellen fließt. Auf starke Tiefen- bzw. Seitenerosion deutet ebenfalls der ausgeprägte Prallhang am westlichen Ufer der Murg hin.

Die morphologischen Erscheinungen sowohl der Talauen als auch der übrigen Landschaftsteile sind außer im Luftbild Foto 4 gut auch in der Schrägaufnahme Foto 6 (s. Anhang) erkennbar.

2. Das Klima

2.1. Das Klima des Südschwarzwaldes

Allgemein gesehen sind die klimatischen Verhältnisse im Hotzenwald als „relativ ozeanisch" anzusehen (ELLENBERG u. Mitarb. [1955]). Darauf weist auch das verbreitete Vorkommen von atlantischen Pflanzen besonders hin [KRAUSE 1959]. Sowohl der Höhenlage als auch der Exposition nach sind aber im einzelnen erhebliche Unterschiede vorhanden. So ist z. B. aus der Wuchsklimakarte von ELLENBERG u. Mitarb. [1955] deutlich zu erkennen, daß sich die Wärmestufe „mäßig-warm" im Tal der Wehra, also an der Westabdachung des Hotzenwaldes, weit nach N vorschiebt, aber an seinem südlichen Rande nach E hin nur als schmaler Streifen an das „warme" Hochrheintal anschließt. Die folgende Stufe „mittelmäßig" ist dagegen auf dem östlichen Teil des Vorwaldes sehr ausgedehnt. Die anschließenden Wärmestufen „mäßig-kühl", „kühl" und „mäßig-kalt" folgen an der Westabdachung in schmalen Streifen aufeinander, werden aber nach Osten hin sehr breit und lassen deutlich den Hochflächencharakter des Gebietes erkennen. In die Täler greifen naturgemäß die jeweils wärmeren Stufen hinein, dabei ist bei ELLENBERG [1955] — soweit es der Kartenmaßstab überhaupt zuläßt — auch angedeutet, daß die west- bzw. südwestexponierten Hänge wärmer sind als die ost- bzw. südostexponierten. Einige der höchsten Teile des Hotzenwaldes sind in der Wuchsklimakarte auch als „kalt" oder „sehr kalt" bezeichnet.

Diese aus der Vegetation ermittelten Zonen, die also das Klima komplex erfassen, finden sich auch auf Karten der einzelnen Klimafaktoren wieder (vgl. KLIMAATLAS V. BADEN-WÜRTTEMBERG [1953]). Einige dieser Faktoren sind in der folgenden Tabelle 1 (S. 11) zusammengestellt worden.

Tabelle 1

Klimadaten des Einzugsgebietes der Hauensteiner Murg (nach Klimaatlas von Baden-Württemberg [1953] und MANIG u. SCHIRMER [1961])

Temperatur: (1891 bis 1930)	Hochrheintal 300 m	Vorwald 500—700 m	oberer Hotzenwald 800—1000 m
Januar	0°	— 1°	— 1°
April	8°	5 bis 7°	5°
Juli	18°	15 bis 17°	14°
Oktober	8°	7 bis 8°	6°
Jahr	8°	6 bis 8°	6°
Frosttage	80	100	120
Eistage	20	30	40
Tage mit mehr als + 5°	230	210	200
Tage mit mehr als + 10°	160	150	140
Niederschlag:	(Säckingen)	(Görwihl)	(Segeten)
Januar	68 mm	121 mm	173 mm
Februar	64	108	155
März	74	111	159
April	85	107	152
Mai	102	111	159
Juni	113	107	152
Juli	116	124	176
August	111	104	149
September	97	101	145
Oktober	94	114	163
November	81	120	171
Dezember	86	161	230
Jahr	1091 mm	1389 mm	1984 mm
Phänologie:			
Schneeglöckchenblüte ab	1. 3.	11. 3.	21. 3.
Apfelblüte ab	5. 5.	10. 5.	20. 5.
Winterroggen-Aussaat ab	7. 10.	27. 9.	17. 9.

2.2. Das Klima in Hottingen

Die Talauen von Hottingen beginnen direkt unterhalb der Vorwaldverwerfung und erstrecken sich dann etwa 3 km nach Süden; ihre Breite beträgt im Mittel 800 m, ihre mittlere Höhenlage etwa + 690 m. Westlich des Tales steigt das Gelände bis + 880 m an, um dann nach etwa 4 km sehr steil zum Wehragraben wieder abzufallen. Im Süden der Talauen fällt der Vorwald zunächst flach ab, etwa 8 km südlich Hottingen folgt dann der relativ steile Abstieg zum Hochrheintal. Im Osten der Talauen steigt das Gelände nur schwach. Im Norden befindet sich als steile Stufe und deutliche Grenze die 80 m hohe Vorwaldstufe. Die Talauen selbst sind etwa 30 m in ihre hochflächenartig ausgebildete Umgebung eingeschnitten.

Von besonderer klimatischer Wirkung sind die Vorwaldstufe und die westlich von Hottingen gelegenen Höhen, die sich weit nach S bis nahe an den Hochrhein hinziehen. Da die vorherrschende Windrichtung des Gebietes W bis SW ist und die regenbringenden Luftmassen den Südschwarzwald meist aus SW erreichen, ist eine Leewirkung dieses Höhenzuges zu erwarten. Sie zeigt sich deutlich in den

Karten der Niederschläge: die Linien gleicher Niederschläge biegen westlich von Hottingen deutlich nach S aus (vgl. MANIG u. SCHIRMER [1961]). Die Vorwaldstufe ist eine deutliche Klimagrenze, hier macht z. B. die Schneeschmelze einen längeren Halt. Die Niederschläge sind oberhalb der Stufe weitaus höher, die Temperaturen weitaus niedriger. Da das Murgtal unterhalb von Hottingen sehr eng ist, findet kein erheblicher Austausch mit den wärmeren Luftmassen des Hochrheintales statt, wie dies etwa beim Tal der Wehra der Fall ist.

Die in der Tabelle 2 (S. 12) zusammengefaßten Klimadaten für Hottingen sind dem Klimaatlas von Baden-Württemberg entnommen worden, nur die Monatsmittel der Niederschläge stammen aus Beobachtungen der Wetterstation Hottingen (eingerichtet 1954 vom Deutschen Wetterdienst). Sie sind für die Periode 1955 bis 1959 auch in Abb. 3 (S. 13) eingezeichnet und sollen in späteren Kapiteln mit anderen Daten in Beziehung gesetzt werden.

Tabelle 2

Klimadaten von Hottingen

Lufttemperatur: (1891 bis 1930)

Januar	—2°	Beginn von + 5°	25. 3.
April	5 bis 6°	Ende von + 5°	25. 10.
Juli	16 bis 17°	Dauer von + 5°	210 Tage
Oktober	7 bis 8°		
Veg.zeit	14°	Beginn von + 10°	15. 4.
Jahr	7°	Ende von + 10°	25. 9.
Frosttage	100	Dauer von + 10°	140 Tage
Eistage	30		

Niederschlag: (1955—1959)

		(1891—1930)	
Januar	155 mm	mind. 0,1 mm	170 Tage
Februar	185 mm	mind. 1,0 mm	130 Tage
März	102 mm	mind. 20,0 mm	50 Tage
April	79 mm		
Mai	94 mm	Schneefall	40 Tage
Juni	150 mm	Schneeanteil	20 %
Juli	136 mm	Schnee > 0 cm	70 Tage
August	140 mm	Nebel	50 Tage
September	101 mm		
Oktober	103 mm		
November	51 mm		
Dezember	122 mm		
Jahr	1418 mm		

Phänologie:

Beginn der Schneeglöckchenblüte	1. 3. bis 11. 3.
Beginn der Apfelblüte	5. 5. bis 15. 5.
Beginn der Winterroggen-Aussaat	17. 9. bis 27. 9.

Die Angaben zur Lufttemperatur in Tabelle 2 zeigen, daß mit 7° Jahresmittel und 14° Mittel in der Vegetationsperiode noch einigermaßen günstige Temperaturverhältnisse für die Vegetation vorliegen.

Die Angaben für die Niederschläge lassen erkennen, daß die höchsten Werte im Winter erreicht werden, im Sommer findet sich nur ein sekundäres Maximum [MANIG u. SCHIRMER 1961]; der Jahresgang ist in allen Fällen ziemlich ausge-

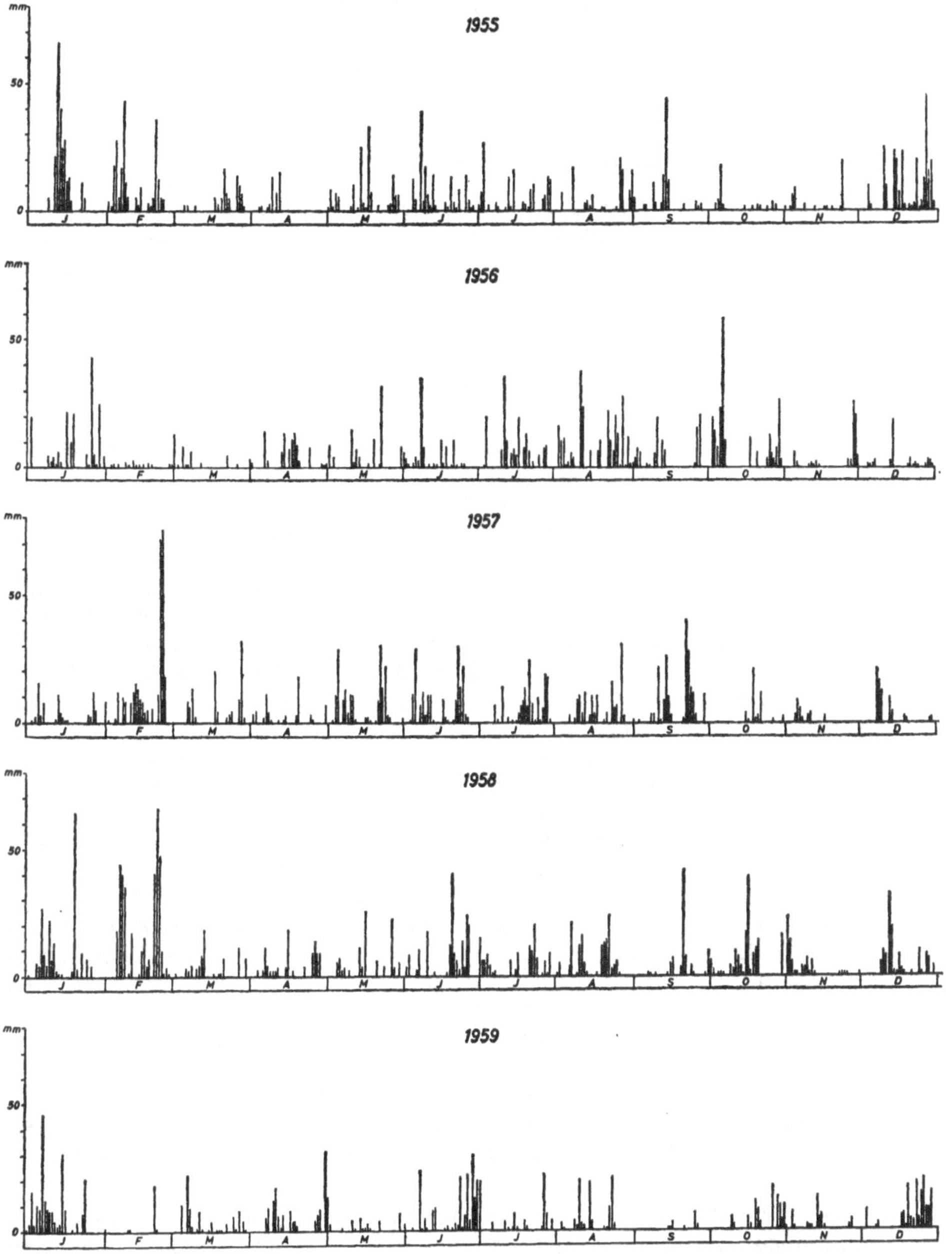

Abb. 3: Tägliche Niederschläge in den Jahren 1955 bis 1959 an der Station Hottingen

glichen und verläuft als flache Kurve. Diese Niederschlagsverteilung deutet auf den sog. Mittelgebirgstyp hin. Zu trockene Monate (nach SCHONNOP [1952]) fehlen, im langjährigen Mittel ist in Hottingen mit Niederschlägen an jedem zweiten Tag zu rechnen.

3. Vegetation und Wirtschaft in Hottingen

3.1. Die Vegetation

3.1.1. Die Grünlandvegetation

Grünland nimmt in der Gemarkung Hottingen einen großen Flächenanteil ein. Die größten zusammenhängenden Flächen befinden sich in den Talauen der Murg, den Niederungen des Altbaches und an den weniger steilen Hangpartien. Die steileren Hänge werden meist von Wald eingenommen, die Hochflächen von Acker.

Bei der Betrachtung der Grünlandvegetation ist vor allem in den Talauen der Einfluß künstlicher Be- und/oder Entwässerung zu beachten. Sie ist fast immer der einzige verbessernde Einfluß, den der Bauer nimmt (vgl. Kap. 4.1.4.). An trockenen Standorten auf den Hängen, z. B. an Hangstirnen, findet sich als Pflanzengesellschaft das *Centaureo nigrae — Arrhenatheretum festucetosum rubrae* [Oberdorfer 1957, S. 225]. Der vorhandene Bodentyp ist eine trockene oligotrophe Braunerde, die Humusform Moder bzw. Grobmoder. Werden die Standortsverhältnisse etwas feuchter bis frisch, so findet sich Braunerde mit Mull oder mullartigem Moder. Sie findet sich an verschiedenen Stellen der Hänge und Hochflächen, besonders aber an höher gelegenen Partien der Talauen, die einen günstigen Grundwasserhaushalt haben. Hier ist ein *Centaureo nigrae — Arrhenatheretum polygonetosum* [Oberdorfer 1957, S. 225] zu beobachten. An Stellen mit stärkerem Grundwassereinfluß findet sich eine feuchtere Variante, die sich stärker an die Calthion-Naßwiesen annähert. Der vorhandene Bodentyp kann Braunerde sein, ist aber häufiger ein mehr oder weniger verbraunter Gley, die Humusform ist ähnlich wie vorher. Dort, wo die Standorte naß oder vernäßt sind, finden sich Naßwiesen. Dabei kann die Vernässung sowohl auf hochstehendes Grundwasser infolge tiefer Lage als auch auf stagnierendes Tagwasser infolge verhinderten Oberflächenabflusses oder auf eine durch stauende Bodenhorizonte verhinderte Versickerung zurückzuführen sein. Die an solchen Standorten vorkommende Wiesengesellschaft ist im allgemeinen ein *Crepido-Juncetum acutiflori typicum* [Oberdorfer 1957, S. 187], an bewässerten Standorten ist eine Bewässerungsfazies mit *Anthoxanthum odoratum* und *Holcus lanatus,* also eine produktions-biologisch wesentlich günstigere Pflanzengemeinschaft, zu beobachten. An besonders ungünstigen oder wenig gepflegten Stellen stellt sich ein *Caricion canescenti-fuscae* ein. Es findet sich in großen Flächen im südlichen Teil der Äußeren Murgmatt und des Alten, wo es zum Teil auf einer abgetorften Hochmoorfläche gedeiht. Erhaltene Hochmoore, wie sie in den Talauen des Hotzenwaldes sonst verbreitet vorkommen [Lang 1954], sind in der Gemarkung Hottingen nicht mehr vorhanden. Die Bodentypen an den nassen und vernäßten Standorten wechseln von Auanmoor bzw. Hanganmoor bis Torfanmoor.

An den in unmittelbarer Nähe der Murg und größerer Zuflüsse gelegenen Standorten findet sich als Bodentyp kalkarme Rambla [Kubiena 1953]. Die hier zu beobachtende Wiesengesellschaft ist nach Krause (frdl. Mitt. v. 4. 4. 1962) als

---

(Die vegetationskundlichen Ergebnisse entstammen unveröffentlichten Untersuchungen des Staatlichen Forschungs- und Beratungsinstitutes für Höhenlandwirtschaft, Donaueschingen; sie werden benutzt mit Erlaubnis des Institutes. Herrn Dr. W. Krause sei auch an dieser Stelle für seine Hilfe gedankt.)

„*Polygono-Scirpetum*, den Kontakten und der Relieflage nach zu urteilen dem *Chaerophyllo-Ranunculetum* angenähert" zu bezeichnen.

In der folgenden Tabelle 3 (S. 15) sind die in Hottingen, vor allem in den Murgauen vorkommenden Pflanzengesellschaften zusammen mit den Ergebnissen der Boden- und Humusaufnahmen sowie den Grundwasserverhältnissen aufgeführt.

Tabelle 3

Pflanzengesellschaften und Standortverhältnisse der Wiesen in Hottingen

Pflanzengesellschaft (nach KRAUSE)	Bodentyp / Humusform und Lage	Standort / Grundwasser
Centaureo nigrae-Arrhenatheretum festucetosum rubrae (Berg-Glatthaferwiese mit schwarzer Flockenblume, Variante mit *Nardus stricta*)	oligotrophe Braunerde / Grobmoder bis Moder; meist an konvexen Hängen	trocken, ungedüngt / Gw stets unter 70 cm, meist unter 1 m
Centaureo nigrae-Arrhenatheretum polygonetosum (Berg-Glatthaferwiese mit schwarzer Flockenblume, Variante mit Schlangenknöterich)	Braunerde, verbraunter Gley / Mull, mullartiger Moder; flache Erhebungen in den Talauen, flache Hänge	frisch bis feucht, oft bewässert / Gw unter 25 cm, meist unter 50 cm
Polygono-Scirpetum silvatici (Waldsimsenwiese in staudenreicher Ausbildungsform, dem *Chaerophyllo-Ranunculetum* angenähert)	Kalkarme Rambla / feuchter Grobmoder; im direkten Uferbereich fließender Gewässer	wechselnaß oder feucht bis naß / Gw hochwasserbestimmt, meist unter 20—30 cm
Crepido-Juncetum acutiflori typicum (typische Silikat-Binsenwiese)	Auanmoor, Torfanmoor / dystrophes Anmoor; vernäßte Mulden und Quellfluren	vernäßt bis naß / Gw stets üb. 30 cm, meist über 20 cm
Crepido-Juncetum acutiflori typicum, Bewässerungsfazies m. *Anthoxanthum odoratum* und *Holcus lanatus* (nasse Ruchgras-Honiggras-Wässerwiese)	Auanmoor, Torfanmoor / Anmoor, feuchter Grobmoder; Mulden und Quellfluren, vernäßt, aber durchspülend bewässert	vernäßt und naß / Gw oft bei 30 cm, meist bei 40 cm

3.1.2. Wald

Der von Wald bedeckte Teil der Gemarkung Hottingen hat eine ähnliche Ausdehnung wie der des Grünlandes. Wald findet sich vornehmlich an den steilen Hangpartien der Murgschlucht und der Vorwaldverwerfung östlich der Murg. Kleinere Waldflächen sind auf flachgründigen Böden an Bergspornen häufig; das Flußbett der Murg und der größeren Gewässer wird von Bruchwald verschiedener Ausdehnung und Zusammensetzung begleitet (vgl. Luftbilder Fotos 4 und 6, Anhang).

An stein- und geröllreichen Steilhängen ist im allgemeinen ein edaphisch bedingter Schlußwald [WECK 1956] zu beobachten. An den feuchten NW-, N-, NE- und E-exponierten Hängen besteht er vorwiegend aus Erlen und Eschen; ihre Stämme werden selten stärker als 15—20 cm, ihre Höhe erreicht höchstens 5 m. Der Unterwuchs ist sehr dicht und besteht meist allein aus dem Jungwuchs von Erlen und Eschen, daneben ist *Trientalis europaea* häufig. Die Boden- und Humusbildung ist hier auf die Lücken zwischen den Blöcken von Gneisen und Graniten beschränkt, die Blöcke selbst sind von Tasca-Rankern bedeckt. Die Humusbildung ist meist anmoorig. Nach der Höhe zu wird der Boden tiefgründiger, Steine durchragen ihn nur noch selten, der Hang ist weniger steil. Hier stockt ein bodenfeuchter, aber wasserzügiger Rotbuchen-Fichten-Tannen-Mischwald. Der Unterwuchs ist weit weniger dicht, die natürliche Verjüngung weitaus schwächer; *Vaccinium* nimmt große Flächen des Bodens ein. Besonders die Buche zeigt krüppeligen Wuchs. Weiter hangaufwärts nimmt die Neigung weiter ab, die Bodenbedeckung wird stärker; in der Zusammensetzung des Waldes nimmt der Anteil der Fichte zu. Auf der relativ ebenen Hochfläche (Hoheneck-Ebene) zeigen sich ähnliche Verhältnisse, hier sind jedoch größere Flächen mit reinen Fichtenforsten bestanden. Kleinere Fichtenreinbestände finden sich auch andernorts in der Gemarkung.

Auf flachgründigen steinigen Böden an W-, SW-, S- und SE-exponierten Steilhängen oder Bergnasen herrschen bedeutend trockenere Standortsverhältnisse. Auch hier ist der Anteil der Fichten am Waldaufbau größer. Die Wälder (meist kleinere Waldstücke) sind Fichten-Rotbuchen-Bergahorn-Tannen-Wälder mit lichtem Unterwuchs.

Der Bruchwald, der die Murg und andere größere Fließgewässer begleitet, besteht vorwiegend aus Erlen und Eschen; an manchen Standorten finden sich auch Birken. Dort, wo die Wiesen bis an das Ufer heranreichen, besteht der Bruchwald meist nur aus einer Baumreihe mit starkem, gebüschartigem Unterwuchs, an Laufabschnitten der Gewässer mit stärkerem Gefälle und vielen Steinen im Uferbereich ist er breiter und erreicht z. B. am Ausgang der Murgschlucht aus der Vorwaldverwerfung etwa 40 m Breite. Fast immer ist er sehr dicht und schließt wie ein Dach über den Gewässern. Daher ist der Uferverlauf an vielen Stellen aus dem Luftbild gar nicht exakt erkennbar (vgl. Foto 4, Anhang).

3.2. Wirtschaft

3.2.1. Industrie

Der Hotzenwald ist ein Agrargebiet; größere Industrieansiedlungen sind nur in der Nähe des Hochrheines und an besonders verkehrsgünstigen Orten des südlichen Vorwaldes von Bedeutung. Da die allgemeinen Verhältnisse aber auch für eine intensive Landwirtschaft nicht sehr günstig sind, ist für die Landbevölkerung häufig ein Nebenerwerb notwendig. Früher spielte verbreitet die Hausindustrie eine Rolle, z. B. die Leinen- und Seidenbandweberei. Sie ist seit 1744 nachgewiesen, aber schon seit längerer Zeit ohne Bedeutung.

Eine große Schwierigkeit bei der Neuanlage von Industrieunternehmen in inneren und höheren Teilen des Hotzenwaldes liegt in der Verkehrsungunst dieser Gebiete. So gab z. B. Reisch [1954][1]) an, daß die Frachtkosten von Hottingen nach Murg, der nächsten Bahnstation, 0,80 bis 1,00 DM/dz betrugen. Aus diesem Grunde

1) Die Arbeit von E. Reisch [1954] liegt nur als unveröffentlichtes Manuskript vor. Sie konnte durch Vermittlung von Herrn Dr. W. Krause eingesehen werden; sie wird zitiert mit Erlaubnis des Forschungs- und Beratungsinstitutes in Donaueschingen.

können sich nur besonders arbeitsintensive Unternehmen, deren Produkte geringes Gewicht haben, ansiedeln. Außer in den meist kleineren Fabriken gibt es für die Landbevölkerung Möglichkeiten des Nebenverdienstes nur noch bei Waldarbeiten oder anderen Lohnarbeiten. Erst in jüngster Zeit können nach weitgehendem Ausbau des Straßennetzes und nach Aufkommen des Motorrades die Arbeitsmöglichkeiten in der Industrie des Hochrheingebietes und in der Schweiz wahrgenommen werden.

Unter den gegebenen Verhältnissen ist zwar für die Bewohner des Hotzenwaldes eine Nebenbeschäftigung im allgemeinen unumgänglich, durch die in letzter Zeit gegebenen Möglichkeiten hat jedoch über die Notwendigkeit hinaus eine so starke Abwanderung aus der Landwirtschaft eingesetzt, daß hier ein eklatanter Arbeitskräftemangel auftritt. Die Entwicklung ist bereits so weit fortgeschritten, daß vielfach nur noch die alten Eltern zur Bewirtschaftung des Hofes da sind. Es kann so weit gehen, daß ein über 70 Jahre alter Mann einen 7,5 ha-Betrieb allein bewirtschaften muß [Reisch 1954].

3.2.2. Landwirtschaft

In Hottingen und vielen anderen Gebieten des Hotzenwaldes sind die natürlichen Bedingungen, insbesondere die klimatischen Verhältnisse, landwirtschaftlichen Kulturen nicht sehr günstig. Die oft zitierten sehr ungünstigen Bodenverhältnisse mit großer Nährstoffarmut im Boden und geringem Nachlieferungsvermögen finden sich jedoch im größten Teil der Gemarkung Hottingen nicht (vgl. dazu auch Kap. 5).

Aufgrund der Verkehrsungunst des Gebietes, bedingt durch Entfernung und Höhenunterschied zur nächsten Bahnstation sowie durch lange und hohe Schneelagen im Winter, kann der Umsatz der Landwirtschaft nur gering sein. Der Handel mit landwirtschaftlichen Produkten beschränkt sich fast nur auf Milch, Butter und Vieh. Der Verkauf von anderen Produkten ist sowieso nur in guten Jahren möglich, in schlechten müssen sogar Kartoffeln zugekauft werden. Reisch [1954] hat ermittelt, daß der Ertrag aus der Landwirtschaft nur selten den Betrag von 400 DM/ha übersteigt. Endriss [1955] gibt an, daß die Grenze der Ackernahrung im mittleren Hotzenwald (Görwihl) bei einer Betriebsgröße von 10 ha Feld und Wiese sowie 5 ha Wald liegt. Solche Betriebe gibt es in Hottingen nur selten, die mittlere Größe wird von Reisch [1954] mit 5,6 ha landwirtschaftlicher Nutzfläche angegeben. Es ergibt sich also, daß nur mit Erträgen von 2 000 bis 2 500 DM pro Jahr und Betrieb gerechnet werden kann. Dies ist nicht ausreichend, zumal eine mittlere Familie hier 4 Personen umfaßt. Daher ist Nebenerwerb notwendig, er erlaubt auch erst den Zukauf von Düngemitteln und wertvollem Saatgut. Einen gewissen zusätzlichen Verdienst bietet in manchen Fällen ein zum Betrieb gehöriger Wald.

Die Karte der „Landwirtschaftlichen Bodennutzungssysteme in der Bundesrepublik Deutschland" [1953] gibt für die Gemarkung Hottingen an: 80 % und mehr Futterbau; unter 20 % Getreide; unter 10 % Hackfrüchte; unter 10 % Sonderkulturen. Futterbau überwiegt also bei weitem, Getreide und Hackfrüchte werden nur zum Eigenbedarf angebaut, an Sonderkulturen ist nur Obstbau zu nennen, der sich aber auf wenige Bäume in Hausnähe beschränkt.

Reisch [1954] ermittelte für die landwirtschaftlichen Betriebe in Hottingen — allerdings nur für die Wässerwiesenbetriebe, doch sind dies die meisten überhaupt — folgende Durchschnittszahlen:

Betriebsgröße	5,61 ha LN
Futterfläche	4,45 ha
Zahl der Kühe	3

(Mittel aus 38 Betrieben)

Der größte Teil der Futterfläche wird künstlich bewässert, nach REISCH [1954] etwa 65 % = etwa 70 ha. Die Wässerwiesen haben daher eine sehr große landwirtschaftliche Bedeutung, zumal die Wässerung eine sichere und billige Möglichkeit ist, die Erträge entscheidend zu steigern [KRAUSE 1950—1959 und REISCH 1954]. Der Anteil des von Wässerwiesen gewonnenen Futters an der gesamten Futtererzeugung ist daher größer als der Anteil der Wässerwiesen an der gesamten Futterfläche. Es sind Betriebe bekannt, in denen bei einem Anteil der Wässerwiesen von nur 33 % an der Gesamtfutterfläche doch 50 % des Futters von Wässerwiesen stammen. Die Erträge einiger Wiesen, bewässerter und nicht bewässerter, sind in der folgenden Tabelle 4 (S. 18) zusammengestellt. KRAUSE [1959] gibt ebenfalls eine Tabelle über die Erträge von Grünlandgesellschaften des Gebietes, die aber auch die Wiesen der Gemarkungen Hänner und Oberhof umfassen, so daß ein größeres Gebiet erfaßt wird. Er kommt zu ähnlichen Ergebnissen, wie sie hier für Hottingen allein gefunden wurden.

Tabelle 4

Erträge der Wiesen in Hottingen

Vegetation und Standort	Ertrag*)
Arrhenatheretum montanum, mager, trocken; oligotrophe Braunerde mit Grobmoder oder Moder	30 dz/ha
A. montanum, frisch, feucht; Braunerde mit mullartigem Moder oder Mull; früher bewässert	50 dz/ha
A. montanum, frisch; Braunerde mit mullartigem Moder oder Mull; ungedüngt, unbewässert	35 dz/ha
A. montanum, frisch; Braunerde mit mullartigem Moder oder Mull; gedüngt, unbewässert	67 dz/ha
A. montanum, feucht, naß; verbraunter Gley mit mullartigem Moder; nicht mehr bewässert	60 dz/ha
Crepido-Juncetum typicum, vernäßt; Auanmoor mit dystrophem Anmoor; nicht bewässert	45 dz/ha
Crepido-Juncetum typicum mit *Holcus*, vernäßt; Auanmoor mit Anmoor, z. T. feuchter Grobmoder; bewässert	80 dz/ha
Caricion canescenti fuscae, vernäßt; Torfanmoor mit dystrophem Anmoor, nicht bewässert	30 dz/ha

*) Die Ertragsbestimmungen sind unveröffentlichte Feststellungen des Staatlichen Forschungs- und Beratungsinstitutes für Höhenlandwirtschaft in Donaueschingen, benutzt mit Erlaubnis des Institutes.

4. Hydrographie in Hottingen

4.1. Oberflächengewässer

4.1.0. Vorbemerkungen

In der Gemarkung Hottingen sind — wie allgemein im südlichen Schwarzwald — neben den natürlichen Oberflächengewässern vor allem auch die künstlich angelegten, wie Wuhren und Gräben, von großer Bedeutung. Künstliche Be- und/oder Entwässerung, für die diese angelegt wurden, wird z. T. seit mehr als 1000 Jahren und mit großer Intensität durchgeführt [Endriss 1952 und Krause 1954—1961]. Sie hat auf die hydrographischen Verhältnisse großen Einfluß genommen.

Die Oberflächengewässer in der Gemarkung Hottingen wurden anhand von Messungen des Murgwasserstandes und der Abflußmengen der Murg am Pegel Hottingen sowie mit Hilfe von Beobachtungen des Wasserstandes in zahlreichen Gräben und anhand zahlreicher Beobachtungen während mehrerer Geländebegehungen eingehend studiert.

4.1.1. Abflußmengen und Wasserstände der Murg

Der Pegel Hottingen liegt am Ausgang der Murgschlucht in der Vorwaldverwerfung in + 714,7 m NN. Die Murg hat hier bereits die Hälfte ihrer Wegstrecke zurückgelegt, jedoch erst ein Drittel des Höhenunterschiedes zwischen Quellen und Erosionsbasis überwunden. Das Niederschlagsgebiet oberhalb Hottingen hat eine Größe von 21,8 km². Schwarzmann [1953] gibt an, daß die Wasserführung der Hotzenwaldflüsse außerordentlich stark schwankt, Unterschiede von 70 : 1 zwischen Hoch- und Niedrigwasser sind in vielen Fällen aufgetreten. Diese Erscheinung läßt sich auch für die Murg feststellen.

Abb. 4 (S. 20) gibt die täglichen Abflußmengen und Wasserstände der Murg am Pegel Hottingen wieder; die monatlichen und jährlichen Mittel sind in der Tabelle 5 (S. 21) zusammengestellt worden. Sie umfassen die Jahre 1955 bis 1960, für diese Jahresperiode liegen auch Grund- und Bodenwasserbeobachtungen vor, so daß Vergleiche zwischen beiden gezogen werden können; die Niederschläge der gleichen Periode sind in der Abb. 3 (S. 13) eingetragen.

Der Vergleich der Ganglinien in Abb. 4 läßt erkennen, daß die höchsten Abflüsse und Wasserstände im Frühjahr erreicht werden. Mitte bis Ende Februar ist stets ein sprunghafter Anstieg der Kurven zu beobachten. Die Dauer dieser hohen Abflüsse ist verschieden; sie können nur kurzfristig sein und dann sehr hohe Werte erreichen, wie etwa am 3. 3. 1958 mit 11,2 m³/sec, oder sie dauern etwa 4—6 Wochen, wobei am Anfang das Maximum erreicht wird. Ende März klingen die Frühjahrshochwasser dann meistens ab.

Der Jahresgang läßt ferner erkennen, daß im Sommer die geringsten Werte auftreten; kurze und steile Gipfel spiegeln deutlich stärkere Niederschläge wider. Ein allgemeines Ansteigen ist dann wieder im Dezember zu erkennen. Die höheren Werte im Winter gehen auf die zu dieser Zeit ebenfalls recht hohen Niederschläge zurück.

Der Gang der Wasserstände der Murg entspricht in seinen Schwankungen dem der Abflußmengen. Die höchsten Werte werden im Frühjahr erreicht. Im Sommer ist der Murgwasserstand durchweg relativ niedrig. Ein allgemeiner Anstieg ist während des Winters zu beobachten.

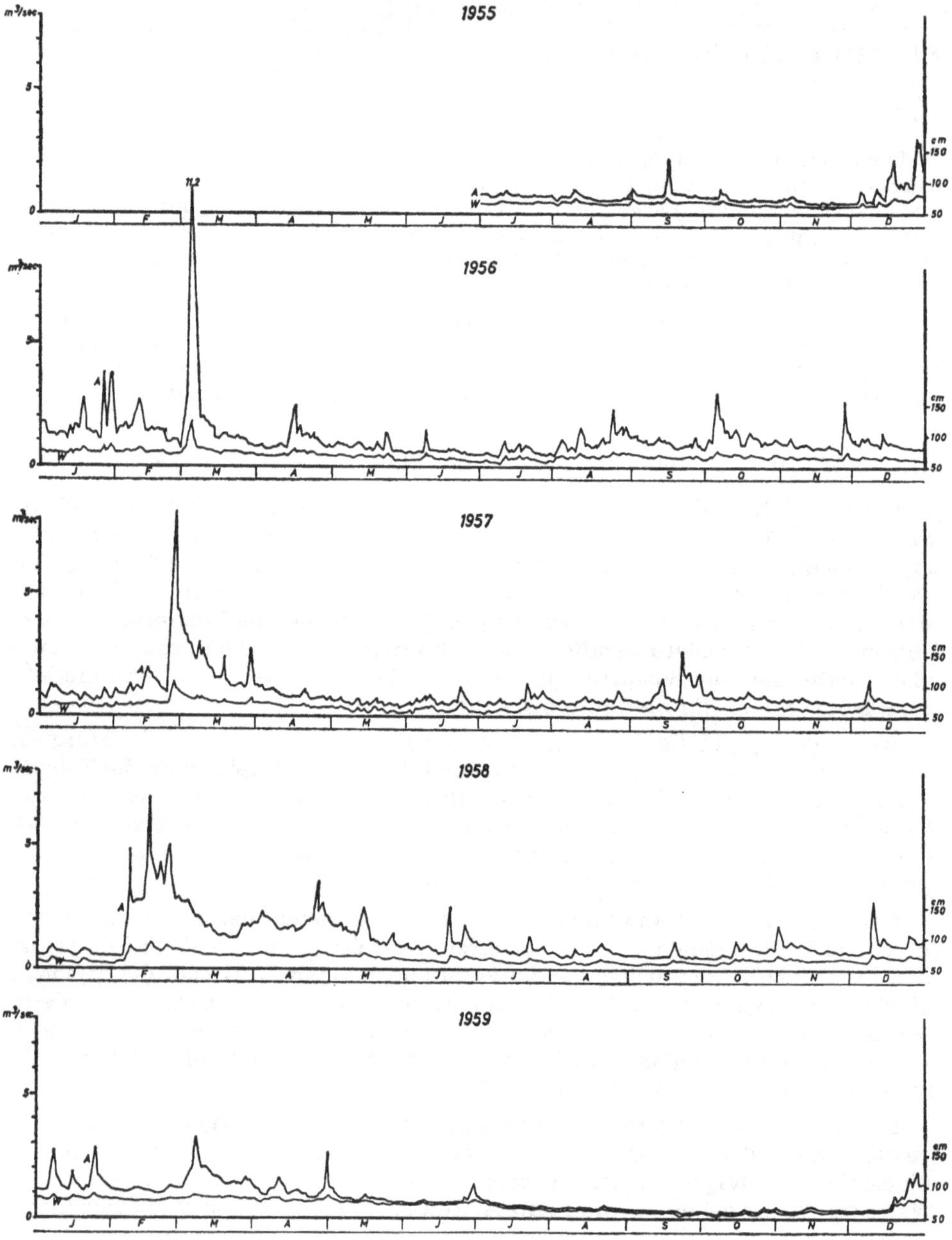

Abb. 4: Mittlere tägliche Abflußmengen (m³/sec) und Wasserstände (cm) der Hauensteiner Murg am Pegel Hottingen

Tabelle 5
Abflußmengen der Hauensteiner Murg am Pegel Hottingen
Monats- und Jahresmittel 1955—1960

m³ / sec

	1955	1956	1957	1958	1959	1960	Mittel
Januar	3,08	1,54	0,85	0,60	1,33	1,04	1,41
Februar	2,08	1,20	1,91	2,75	1,00	0,86	1,63
März	1,39	2,05	1,93	1,65	1,54	1,23	1,63
April	1,20	1,09	0,95	1,77	0,98	0,71	1,15
Mai	0,82	0,82	0,56	1,35	0,74	0,51	0,80
Juni	0,91	0,62	0,64	0,90	0,61	0,49	0,69
Juli	0,72	0,62	0,67	0,81	0,50	0,48	0,63
August	0,59	1,05	0,68	0,63	0,36	1,03	0,72
September	0,77	0,97	1,00	0,52	0,27	0,90	0,74
Oktober	0,58	1,26	0,85	0,66	0,27	0,98	0,77
November	0,51	0,91	0,59	0,84	0,31	—	(0,63)
Dezember	1,11	0,94	0,62	0,95	0,61	—	(0,85)
Jahr	1,15	1,09	0,94	1,12	0,71	(0,82)	0,98

Angaben zusammengestellt nach: Deutsches Gewässerkundliches Jahrbuch 1955 bis 1960.

4.1.2. Flußlaufgestaltung der Murg in Hottingen

In + 710 m NN tritt die Murg in die Talauen von Hottingen ein; sie verläßt diese wieder nach einem Lauf von drei Kilometern in + 655 m NN. Das mittlere Gefälle beträgt somit 20 ‰. Der Lauf der Murg weist aber eine Reihe von verschiedenen Abschnitten auf, sie sind zusammen mit der jeweils vorhandenen (geschätzten) Wassermenge und den größeren Zu- und Abflüssen in der Tabelle 6 (S. 21) zusammengestellt (vgl. dazu auch die Karten 2 und 3).

Tabelle 6
Lauf der Murg in den Talauen von Hottingen

Länge der Laufabschnitte und Gefälle der Murg	Größere Zuflüsse (+) Abflüsse (—)	Wassermenge der Murg (geschätzt) Pegel = 100
P. Hottingen bis Ende vom Schwemmfächer 400 m 35 ‰	— Hänner-Wuhr — 2 Gräben	100 ↓ 60
Ende Schwemmfächer bis Ortsanfang 600 m 19 ‰	+ Kl. Murg + Quellen + 2 Gräben	60 ↓ 150
Ortsende bis Mündung Altbach 1000 m 13 ‰	— Stangenmatt-Wuhr + 1 Nebenbach	150 ↓ 180
Mündung Altbach bis Ende der Talauen 550 m 35 ‰	+ Altbach	180 ↓ 230

Die in der Tabelle 6 angegebenen Verhältniszahlen für die Wassermengen der Murg in ihren vier Laufabschnitten sind bei mehreren Geländebegehungen ermittelt worden, wobei Breite, Tiefe und Fließgeschwindigkeit der Gewässer berücksichtigt worden sind. Dabei zeigte sich, daß — nach einem anfänglichen Verlust — die Wassermenge im Murgbett in den Talauen mehr als verdoppelt wird. Diese Verhältniszahlen sind naturgemäß nur Anhaltswerte, sie gelten auch nur für einen mittleren Murgwasserstand und -abfluß, da die Schwankungen der Höchst- und Niedrigabflüsse der Murg denen ihrer weitaus kleineren Zuflüsse keineswegs proportional sind. Die Werte sind aber insofern interessant, als sie einen Hinweis auf die Wassermengen geben können, die nach einem Verschwinden der Murg noch vorhanden sein werden.

Die Tabelle 6 zeigt: Am Ausgang der Murgschlucht in der Vorwaldverwerfung werden 35 ‰ erreicht, hier schneidet sich die Murg in ihren älteren Schwemmfächer neu ein, daher zeigt sie einen geradlinigen Lauf und fließt über viele Stromschnellen. Die Tiefenerosion ist relativ groß. Vom Ende des Schwemmfächers bis zur Altbachmündung ist das Gefälle weitaus geringer, hier beginnt die Murg zu mäandrieren, die Flußsohle ist eben und ohne Steine, die Tiefenerosion gering. Unterhalb der Altbachmündung werden dann wieder 35 ‰ Gefälle erreicht. Hier macht sich die starke Tiefenerosion bemerkbar, die von der Murgschlucht unterhalb von Hottingen her jetzt die Talauen von Hottingen erreicht hat und in sie eingreift (vgl. Kap. 1.3.3.). Hier ist daher der Lauf der Murg mehr oder weniger geradlinig, das Murgbett voller Steine, das Feinmaterial ausgeräumt worden; die Murg fließt auch hier über viele Stromschnellen. Die Tiefenerosion ist stark; starke Seitenerosion zeigt sich in deutlichen Prallhangbildungen an ihrem westlichen Ufer.

4.1.3. Zuflüsse der Murg in Hottingen

Größere Zuflüsse der Murg in der Gemarkung Hottingen sind die Kl. Murg, der Altbach, einige unbenannte kleinere Nebenbäche und Quellwässer, die ihr direkt zufließen (vgl. Karte 3). Sie führen der Murg erhebliche Wassermengen zu, die den Verlust des in Wuhren abgeleiteten Wassers ersetzen.

Die Kl. Murg fließt am westlichen Rande der Inneren Murgmatt entlang; sie entsteht aus einem kleinen Graben, der aus der Murg abgeleitet wurde. Nach etwa 100 m Lauf erhält dieser dann starke Zuflüsse durch Gräben, die das in vielen Quellfluren am Hangfuß austretende Wasser zusammenfassen.

Der Altbach entspringt östlich der Murgschlucht in der Vorwaldverwerfung, „quert" dann die Hänner Wuhr und erreicht nach etwa 1 km langem Lauf 300 m unterhalb des Straßendreieckes (vgl. Karte 3) die Talauen der Murg. Aus einem oberhalb der Straße fließenden Graben wird ihm viel Hangwasser zugeführt, auf seinem Weg durch die Talauen erreichen ihn zahlreiche Gräben, so daß er der Murg eine erhebliche Wassermenge zuführt; sie ist jedoch kleiner als die der Kl. Murg.

Einige kleinere und unbenannte Nebenbäche erreichen die Murg von Westen. Sie sind meist nur 600 bis 700 m lang und führen keine erheblichen Wassermengen. Meistens haben sich diese Nebenbäche stark eingeschnitten, so daß sie eine Reihe von Quellen angeschnitten haben. Deren Wasser wird meistens in dem kleinen Seitentälchen zum Wässern benutzt und kommt danach auch der Murg zugute.

Quellfluren, deren Wasser der Murg innerhalb der eigentlichen Talauen direkt zufließt, finden sich vor allem in der Inneren Murgmatt und der Hinteren Mühlenrainmatt (vgl. Karte 3). Kleinere Quellen finden sich vereinzelt auch am östlichen oberen Hang der Auen in der Äußeren Murgmatt.

4.1.4. Wuhren und Gräben, derzeitige Bewässerungsmaßnahmen

Wuhren und Gräben dienen der künstlichen Be- und/oder Entwässerung, sie unterscheiden sich vorwiegend durch ihre Größe. Die Wuhren sind die Hauptzuleiter, die das Wasser oft über viele Kilometer heranführen [Endriss 1953]. Die Größe der Wuhren und Gräben und die Dichte des Grabennetzes wechseln sehr stark (vgl. Karte 3). Beides ist im wesentlichen von den Standortsbedingungen und den jeweiligen Aufgaben der Bewässerung abhängig. Dort, wo durch die Berieselung trockene und nur frische Standorte anfeuchtend bewässert werden sollen, ist das Grabennetz relativ weitmaschig. Dort, wo nasse bzw. vernäßte Standorte durchspülend bewässert werden sollen, ist das Grabennetz dicht.

Neben diesen beiden Aufgaben — anfeuchtende Bewässerung und durchspülende Bewässerung — werden mit Hilfe der Grabensysteme auch solche Standorte, die vernäßt sind (z. B. also Quellfluren), entwässert.

In der Karte 3 sind Wuhren und Gräben, soweit sie durch die Erderkundung und die Luftbildauswertung erkennbar waren, eingezeichnet. Eine solche Karte erhebt keinen Anspruch auf Vollständigkeit, da viele sehr kleine Stichgräben — besonders in der Vegetationszeit und vor dem Schnitt der Wiesen — im Luftbild und bei der Begehung des Geländes nur sehr schwer erkannt werden können. Eine Einteilung der Gräben in Zu- und Ableiter, sowie die Unterscheidung von benutzten und verfallenen Gräben, wie sie Krause in mehreren Karten der Grabensysteme von Giersbach machen konnte [1956, S. 458], ist für die Grabensysteme in Hottingen nicht möglich, da hier — im Gegensatz zu Giersbach — die Wässerung an vielen Stellen nur noch wenig geübt wird, an den meisten überhaupt nicht; vielfach werden Gräben schon zugeschüttet (vgl. Foto 5, Bildmitte).

Die Kenntnis der derzeitigen Bewässerungsmaßnahmen — als der meist einzigen ertragsverbessernden Maßnahme überhaupt — ist für die Beurteilung der Zusammenhänge zwischen Boden-, Humus- und Vegetationsbildung von großer Bedeutung.

Eine große Zahl von Wuhren und Gräben läßt nur noch geringe Pflege erkennen. Dies gilt besonders für Standorte, an denen die Bewässerung nur anfeuchtende Wirkung hat. An quelligen Standorten, die entwässert werden, sind die Gräben stets gut instand; das Gleiche gilt für solche Standorte, die durchspülend bewässert werden. Gute Instandhaltung der Gräben weist auf noch geübte Bewässerung, mangelnde Pflege ist dagegen kein Indiz für nicht mehr durchgeführte. Vegetations-, Boden- und Humusaufnahmen können keine sichere Kenntnis vom Datum des Endes der Maßnahmen geben. Daher werden im folgenden mehrjährige Grabenbeobachtungen herangezogen, denn aus den Füllungen der Gräben, ihrer Dauer und der Übereinstimmung der Termine dürfte sich mit Sicherheit eine noch geübte Wässerung erkennen lassen.

Die Ergebnisse der Grabenbeobachtungen sind in der folgenden Tabelle 7 (S. 24) für die Jahre 1955—1959 zusammengestellt. Die Abb. 5 (S. 25) bringt dann für drei ausgewählte Jahre nicht nur die jeweilige Dauer der Grabenfüllungen, sondern zeigt zudem die terminmäßige Übereinstimmung und Regelmäßigkeit der Füllungen an.

Die Tabelle zeigt sehr deutlich, daß fast alle Gräben während der längsten Zeit des Jahres gar kein Wasser führen. Mehrere Gräben sind während einzelner Jahre sogar niemals gefüllt. Eine Ausnahme bilden nur die Gräben Nr. 2, 3, 10 und 11, die langfristig halbe oder ganze Grabenfüllung aufwiesen; sie befinden sich aber auch in der Nähe von oder in Quellfluren (2 und 3), im Überflutungsbereich der Murg (10) oder in einer vernäßten Mulde (11), so daß die Grabenfüllungen durchaus durch die natürlichen Bedingungen erklärt werden können. Nr. 2 und 3 dienen dabei mit Sicherheit der Entwässerung. Die Tabelle 7 zeigt zudem deutlich, daß eine allgemeine Abnahme der Grabenfüllungen (abgesehen von den vier oben erwähnten Gräben) von 1955 und 1959 festzustellen ist.

Tabelle 7

Wasserstände in den Gräben 1—12
(wöchentliche Beobachtung)

Graben Nr.	Wasserstand	Zahl der Wochen 1955	1956	1957	1958	1959	Mittel
	leer	48	47	35	48	47	45
Graben 1	1/2	3	2	8	4	1	4
	voll	1	3	9	0	4	3
	leer	15	25	24	41	39	29
Graben 2	1/2	17	12	15	3	1	10
	voll	20	15	13	8	12	13
	leer	12	25	2	52	52	29
Graben 3	1/2	21	12	6	0	0	8
	voll	19	15	44	0	0	15
	leer	30	48	52	52	46	46
Graben 4	1/2	22	4	0	0	1	5
	voll	0	0	0	0	5	1
	leer	12	45	48	52	52	41
Graben 5	1/2	38	7	4	0	0	10
	voll	2	0	0	0	0	1
	leer	12	45	41	52	52	40
Graben 6	1/2	38	7	11	0	0	11
	voll	2	0	0	0	0	1
	leer	44	49	52	—	52	(49)
Graben 7	1/2	8	1	0	—	0	(2)
	voll	0	2	0	—	0	(1)
	leer	50	50	46	—	47	(48)
Graben 8	1/2	2	0	5	—	5	(3)
	voll	0	2	1	—	0	(1)
	leer	17	41	40	—	41	(35)
Graben 9	1/2	35	8	10	—	9	(15)
	voll	0	3	2	—	2	(2)
	leer	17	4	10	—	32	(16)
Graben 10	1/2	21	38	38	—	13	(30)
	voll	4	10	4	—	7	(6)
	leer	0	4	17	—	32	(13)
Graben 11	1/2	28	19	24	—	9	(20)
	voll	24	29	11	—	11	(19)
	leer	42	43	26	—	52	(41)
Graben 12	1/2	10	5	18	—	0	(8)
	voll	0	4	8	—	0	(3)

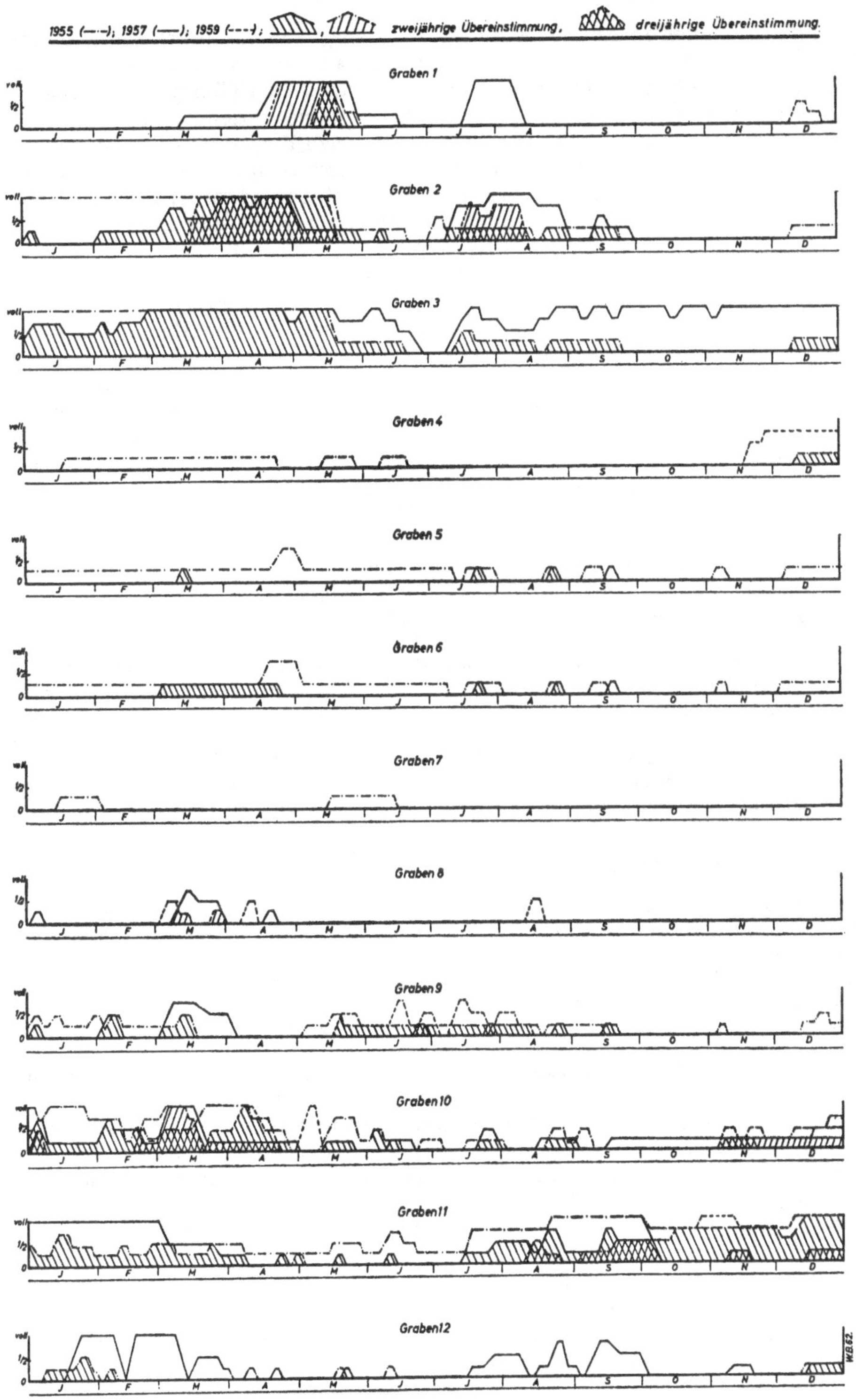

Abb. 5: Wasserstände in den Gräben Nr. 1 bis Nr. 12 in Hottingen (wöchentliche Beobachtung)

Bei den Angaben in Abb. 5 ist zunächst auffällig, daß die Zeiträume, in denen ein Graben gefüllt ist, in den verschiedenen Jahren nur sehr wenig übereinstimmen; auch ist eine Regelmäßigkeit der Termine von Grabenfüllungen, die bei sorgfältiger Bewässerung erwartet werden könnte, kaum gegeben. Nach der vergleichenden Betrachtung dieser Ergebnisse mit denen der Grund- und Bodenwasseraufnahmen, der Beobachtungen zum Murgwasserstand und den Niederschlägen, die alle für die gleiche Periode vorliegen, ergibt sich bezüglich der Bewässerungsmaßnahmen folgendes Bild: Eine nur anfeuchtende Bewässerung an trockenen bis frischen Standorten wird offenbar nicht mehr durchgeführt; Grabenfüllungen werden vom Grundwasserstand und vom Niederschlag bestimmt. Die durchspülende Bewässerung von nassen oder vernäßten Standorten wird an vielen Standorten noch geübt, jedoch ist sie an anderen nicht mehr vorhanden; vor allem am Graben 9 ist aus den Grabenfüllungen eine gewisse Regelmäßigkeit zu erkennen. An den übrigen Stellen, die eine solche Wirtschaftsmaßnahme durchaus sinnvoll erscheinen lassen und an denen sie früher sicher durchgeführt wurde, ist sie aber offenbar eingestellt worden oder wird nur unregelmäßig geübt. Standorte, die durch Quell- oder Hangwasser nicht stagnierend vernäßt sind, werden offenbar noch sorgfältig entwässert; dies ist auch schon im Gelände unschwer zu erkennen.

4.2. Grundwasserverhältnisse in Hottingen

4.2.0. Vorbemerkungen

Die Schluchseewerk-AG hat in den Talauen von Hottingen eine Reihe von Grundwassermeßstellen eingerichtet, deren Beobachtungsergebnisse dem Verfasser freundlicherweise zur Verfügung gestellt wurden. Installiert wurden zwei selbstschreibende Pegel von 3 m Tiefe und zwölf Rohrbrunnen von 1 m Tiefe mit wöchentlichen Ablesungen. Bei der Auswertung der Meßergebnisse sind diese Unterschiede in Gerät und Ablesungsmodus zu berücksichtigen: Während die beiden Schreibpegel Ganglinien täglicher Wasserstände liefern, sind bei den Rohrbrunnen nur wöchentliche Schwankungen berücksichtigt.

4.2.1. Ergebnisse der Grundwasserbeobachtungen

Die Messungen an den Pegeln A (Innere Murgmatt) und C (Äußere Murgmatt) sind in der Tabelle 8 (S. 27) zusammengestellt. Die Ganglinien der Grundwasserstände an den benachbarten Meßstellen Pegel A und Brunnen 1, sowie Pegel C und Brunnen 8 sind in den Abb. 6 und 7 (S. 28 u. S. 29) dargestellt worden; in beiden Diagrammen sind auch die Grenzen der Bodenhorizonte mit eingetragen. Die Meßreihen der Brunnen 1—12 liegen dem Verfasser ebenfalls vor und werden bei den folgenden Beschreibungen benutzt.

Die Grundwasserverhältnisse am Pegel A und Brunnen 1 charakterisieren die an vielen Stellen der Murgauen vorhandenen Standorte mit günstigem und ausgeglichenem Wasserhaushalt im Boden. Hier ist während der Vegetationszeit Wasser stets in passender Tiefe vorhanden; außerhalb der Vegetationszeit steigt das Wasser zwar häufig, aber nur kurzfristig bis nahe an die Oberfläche, so daß auch dann keine dauernde Vernässung vorhanden ist. Zu diesen günstigen Standorten gehören der Schwemmfächer der Murg und der des größeren Zuflusses westlich der Kl. Murg, ferner sind dazu zu rechnen: der obere Streifen am östlichen Rand der Äußeren Murgmatt und große Teile des anschließenden flachen Hanges. Diese Standorte würden in der Wasserstufenkarte [Meisel 1954] die Signatur „günstiger Wasserhaushalt" erhalten und sind „optimal" mit Wasser versorgt. Nur wenige Standorte des Untersuchungsgebietes haben lange einen deutlichen Wassermangel

Tabelle 8

Grundwasserstände an den Schreibpegeln A und C
Monats- und Jahresmittel 1955—1960

	1955	1956	1957	1958	1959	1960	Mittel
	Grundwasser in m unter Flur						
Pegel A							
Januar	—	1,47	2,15	2,10	1,81	1,23	1,93
Februar	—	1,85	1,33	1,52	2,06	2,22	1,79
März	—	1,47	1,12	1,46	1,23	1,49	1,61
April	—	0,62	0,63	0,72	0,97	0,65	0,72
Mai	—	0,79	0,46	1,16	0,41	1,66	0,90
Juni	—	1,23	1,14	2,06	2,19	2,25	1,77
Juli	2,20	1,71	1,08	1,04	2,07	1,31	1,59
August	2,42	1,32	1,78	1,53	2,09	0,68	1,64
September	2,28	2,17	2,11	2,67	1,47	2,19	2,13
Oktober	2,67	1,99	2,51	2,49	1,39	2,12	2,19
November	2,68	2,12	2,71	2,49	1,23	1,95	2,19
Dezember	1,98	2,13	2,55	2,28	1,46	2,14	2,09
Jahr	(2,39)	1,59	1,63	1,81	1,53	1,56	1,63

	1955	1956	1957	1958	1959	1960	Mittel
	Grundwasser in m unter Flur						
Pegel C							
Januar	—	0,25	0,27	0,29	0,49	0,26	0,30
Februar	—	0,29	0,21	0,26	0,37	0,28	0,28
März	—	0,25	0,17	0,29	0,36	0,29	0,27
April	—	0,19	0,29	0,31	0,38	0,32	0,30
Mai	—	0,29	0,33	0,36	0,45	0,37	0,36
Juni	—	0,36	0,33	0,37	0,39	0,35	0,36
Juli	0,25	0,33	0,36	0,36	0,46	0,33	0,35
August	0,31	0,28	0,33	0,32	0,44	0,29	0,33
September	0,29	0,28	0,32	0,37	0,52	0,28	0,34
Oktober	0,30	0,26	0,37	0,34	0,44	0,29	0,33
November	0,31	0,28	0,32	0,34	0,39	0,27	0,32
Dezember	0,25	0,28	0,33	0,33	0,30	0,29	0,30
Jahr	(0,29)	0,28	0,30	0,33	0,41	0,30	0,34

im Boden. Es sind dies vor allem steile Hänge in W-, SW-, S- und SE-Exposition. Hier ist die Bodendecke nur dünn, das Bodenmaterial sehr grob, daher ist das Speichervermögen gering. Die Standorte haben „großen bis mäßigen Wassermangel" (nach Meisel [1954]).

Als feucht bis vernäßt sind die Standorte im Uferbereich der Murg und ihrer Zuflüsse anzusehen; ein solcher wird durch den Brunnen 10 gekennzeichnet. Die Beobachtungen zeigen, daß der Grundwasserstand sehr stark vom Murgwasserstand abhängig ist. Während der Murghochwasser steht das Grundwasser nahe unter der Oberfläche, bei normalem oder niedrigem Wasserstand in der Murg steht es tiefer an, jedoch stets noch im Wurzelbereich der Pflanzen. Ähnliches gilt auch für Standorte der Talauen, die weiter von der Murg entfernt, aber nicht mehr als 1 m über Murgniveau erhoben sind.

Starke Vernässung zeigen die Standorte in flachen Mulden und in Quellfluren. Das Grundwasser steht fast ganzjährig bis nahe an die Oberfläche, das Minimum liegt bei 40 cm unter Flur, doch wird dieser Tiefstand nur selten erreicht. Diese Standorte sind als „naß" anzusehen, sie haben einen „hohen Wasserüberschuß" [Meisel 1954].

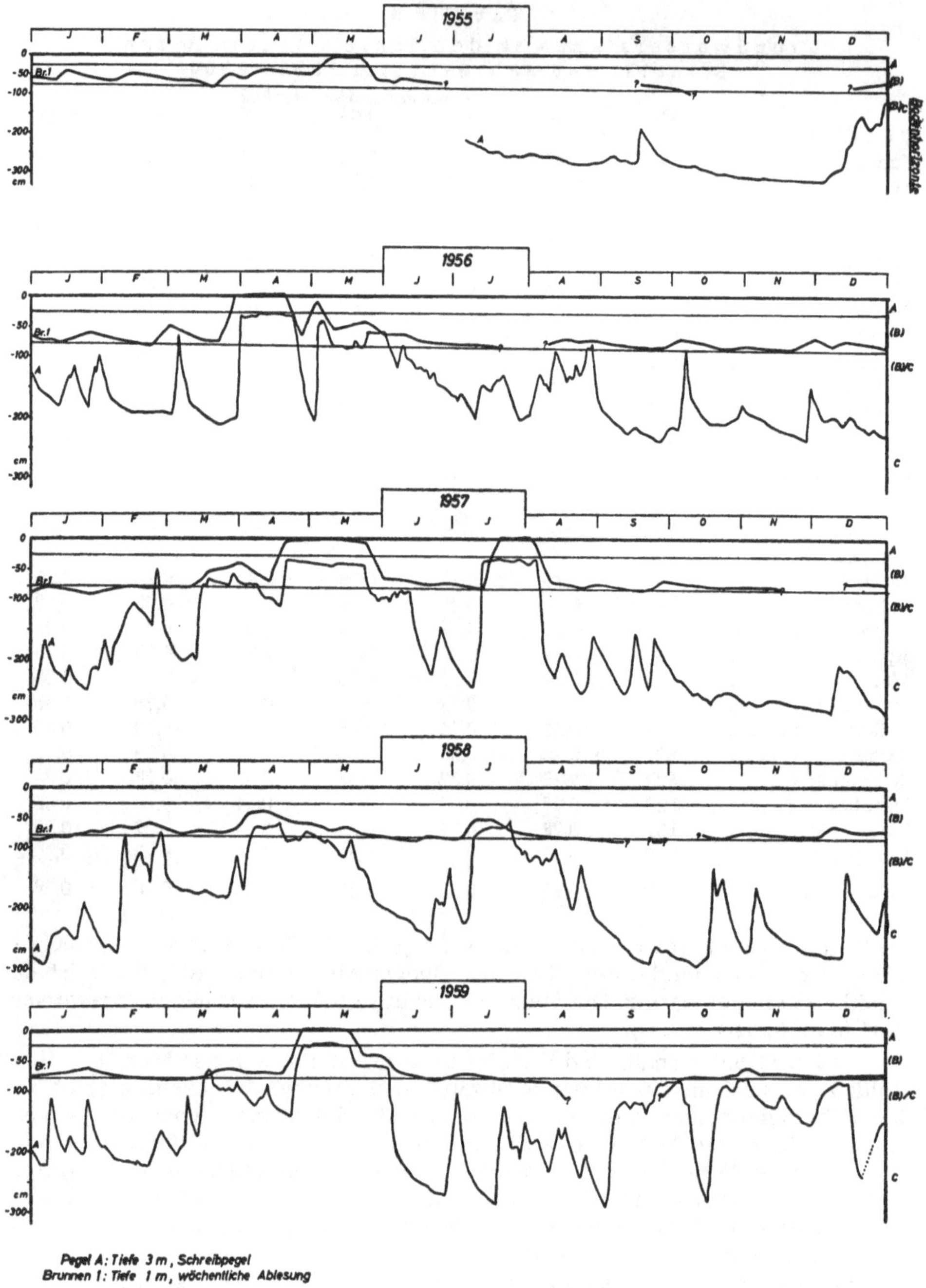

Abb. 6: Grundwasserbeobachtungen am Pegel A und am Brunnen 1 in Hottingen
(Pegel A ist 3 m tief und ein Schreibpegel, Brunnen 1 ist 1 m tief und wurde wöchentlich beobachtet)

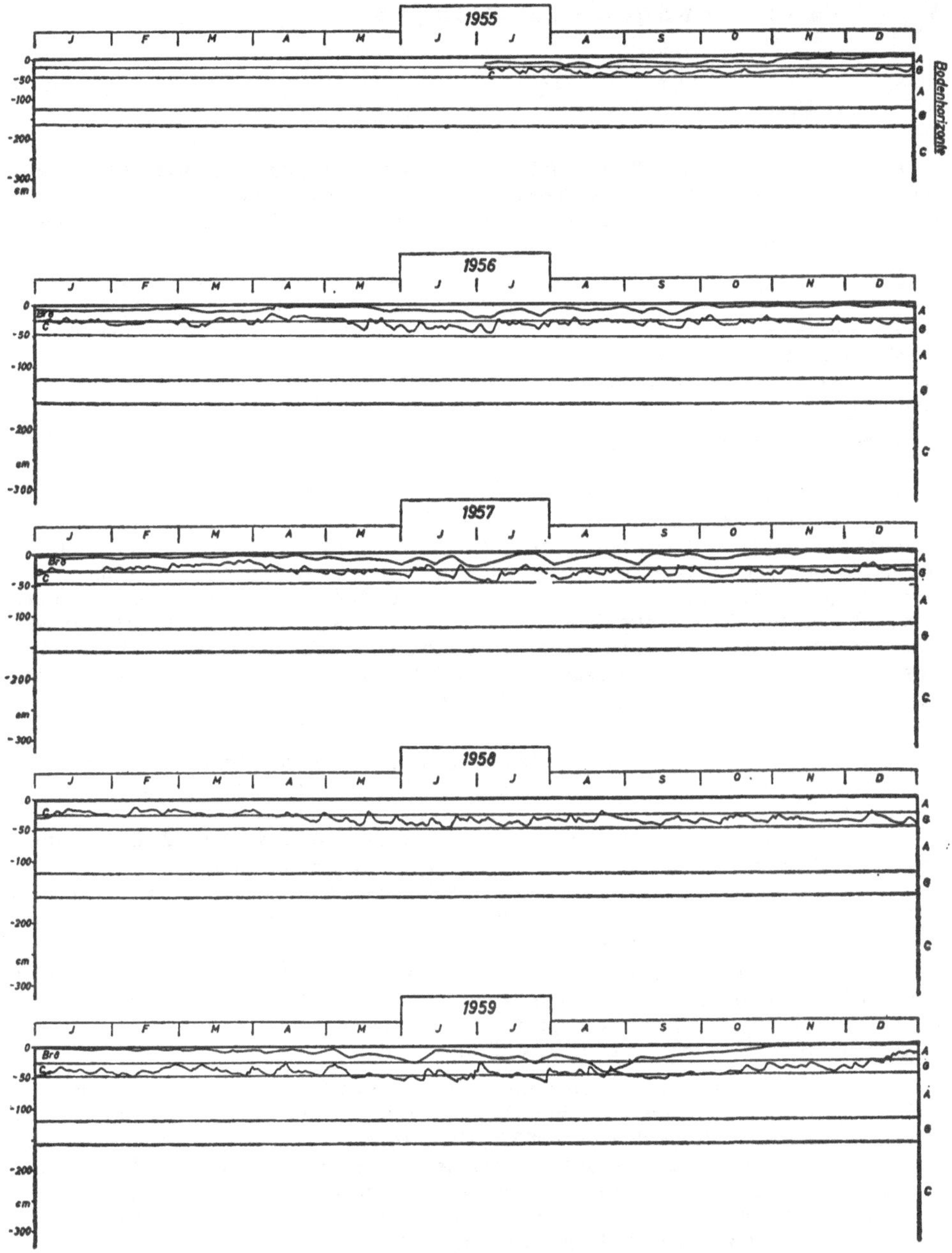

Pegel C: Tiefe 3 m, Schreibpegel
Brunnen 8: Tiefe 1 m, wöchentliche Ablesung

Abb. 7: Grundwasserbeobachtung am Pegel C und Brunnen 8 in Hottingen
(Pegel C ist 3 m tief und ein Schreibpegel, Brunnen 8 ist 1 m tief und wurde wöchentlich beobachtet)

5. Bodenbildungen in Hottingen

5.0. Literaturübersicht

Arbeiten, die sich mit den Bodenbildungen des Hotzenwaldes befassen, sind relativ selten. Unter diesen stehen solche, die Böden auf Grundgestein zum Untersuchungsgegenstand haben, im Vordergrund; die Böden auf Sedimenten der Talauen sind im einzelnen kaum beschrieben worden.

Eine zusammenfassende Darstellung der Böden im badischen Schwarzwald (Grenzen von 1930) gibt SCHLACHT in STREMME [1930 a, S. 176]. Die Böden auf anstehendem Grundgestein werden als „schwach podsolierte Waldböden, z. T. stärker podsoliert bis zu loser Ortsteinbildung" angegeben. Die Gründigkeit der Böden wechselt sehr stark; vorwiegend sind, besonders infolge der allgemein starken Hangneigung, schutt- und skelettreiche Formen zu finden. In höchster Lage sind die Böden sehr flachgründig.

STREMME [1930 b] geht in einer zusammenfassenden Übersicht näher auf den Einfluß der verschiedenen Ausgangsmaterialien ein und unterscheidet Böden auf Graniten, Gneisen, Porphyren und auf Buntsandstein. Auf Granit finden sich danach sehr unausgeglichene Standortsverhältnisse, die Böden auf Gneisen sind günstig infolge besseren Nährstoffgehaltes und guter Bodenstruktur, die Böden auf Porphyr sind stark düngerbedürftig und die Böden auf Buntsandstein haben, je nach Art des Buntsandsteinmaterials, starke und geringe Bleichhorizonte, im oberen Buntsandstein finden sich „milde, leichte, lockere, feinsandige Böden, die bei intensiver Kultur zu guten Erträgen kommen" [S. 399]. STREMME weist darauf hin, daß sich an nassen (meist staunassen) Stellen die häufig beschriebenen Missenböden finden. Diese Böden sind auf verschiedenem Ausgangsmaterial verbreitet. Die Humusformen erwähnt STREMME nur wenig, er weist aber darauf hin, daß oft — besonders auf mittlerem Buntsandstein — eine Rohhumusbildung vorkommt.

OSTENDORFF [1955, S. 31] nennt die Böden des Schwarzwaldberglandes „flachgründiger, skelettreicher Gebirgsboden oder gebirgiger Waldboden vom Typ des rostfarbenen — gleichgültig, um welche Gesteine es sich handelt". Die rostfarbenen Waldböden haben nach OSTENDORFF mittlere bis starke Bleichhorizonte und sind vielfach staunaß. Die vorkommende Humusform ist Rohhumus. In größerer Ausdehnung kommen Bruchwaldböden vor. Braune Aueböden, also Böden auf fluviatilen Sedimenten sollen — wiederum nach OSTENDORFF — nur sehr selten „in den oft weiten, trichterförmig erweiterten westlichen Talenden" [S. 32] zu finden sein.

Mit welcher Unsicherheit die Kenntnisse der Bodenbildungen im Schwarzwald überhaupt belastet waren, kennzeichnet die Bemerkung von ERB [1929], daß Klima und Vegetation im Schwarzwald ein wohlausgebildetes Podsolprofil erwarten ließen, doch sei ein solches nur ganz schwach oder überhaupt nicht entwickelt.

R. GANSSEN [1957] klärt in einer neueren Arbeit manche Unstimmigkeiten und gibt eine differenziertere Übersicht über die Bodenbildungen des Gebietes. GANSSEN bemerkt schon einleitend, daß die Braunerden gegenüber allen anderen Bodentypen bei weitem vorherrschen; dies gilt besonders auch für Hanglagen, vor allem aber dort, wo die natürliche Vegetation noch erhalten ist oder durch eine standortsgemäße ersetzt wurde. Vor allem zeigt GANSSEN, daß die Braunerde auch in kühlen und extrem feuchten Hochlagen noch zu finden ist, d. h. an Standorten, die Podsole erwarten lassen. Diese finden sich jedoch (als sekundäre Podsole) sofort dann, wenn die natürliche Vegetation vernichtet wurde. Das Ausgangsmaterial ist dabei ohne Einfluß. Bezüglich der Humusbildung sagt GANSSEN, daß sich auf den Braunerden in den kühlen und feuchten Hochlagen wohl eine Zunahme des Humusgehaltes erkennen läßt, daß diese aber keineswegs einer Rohhumusbildung vergleichbar ist. Sie ist vielmehr mit alpinen Humusbildungen in Verbindung zu bringen (Tangelhumus nach KUBIENA [1953]). Zusammenfassend läßt sich nach GANSSEN [1957] sagen, daß die ältere Auffassung vom Vorherrschen flachgründiger, leistungsarmer und meist stark podsolierter

Böden, verbunden mit Rohhumusbildung — zumindest für Böden mit natürlicher oder standortsgemäßer Vegetation — nicht mehr zu vertreten ist.

Spezielle Untersuchungen über Böden in Talauen des Südschwarzwaldes fehlen. STREMME [1930] sagt nur, daß die Böden der Talauen nasse, vielfach anmoorige Wiesenböden sind. OSTENDORFF [1957] erwähnt noch, daß in schmalen Talsohlen geröllreiche Grundwassertypen vorherrschen. Braune Auböden sollen — wie schon zitiert — selten vorkommen. GANSSEN [1957] erwähnt die Böden der Tallagen nur kurz und nur für den östlichen und nödlichen Schwarzwald und sagt, daß sie meist dem Typ der Auböden und Gleye angehören.

5.1. Eigene Untersuchungen

Schon bei einer ersten Begehung des Geländes hatte sich insbesondere durch Diskussionen über die Vegetation mit Herrn Dr. W. KRAUSE ergeben, daß ein sehr kleinräumiger Wechsel in den Bodenbildungen, vor allem den Humusformen, zu erwarten war. Daher mußte eine große Zahl von Bodeneinschlägen und Bohrungen untersucht werden. Zunächst wurden in der Nähe der bereits vorhandenen Anlagen zur Grund- und Bodenwasseruntersuchung zahlreiche Bodeneinschläge angelegt. Bohrungen wurden nach zwei Gesichtspunkten durchgeführt: Einmal wurden sie dort gemacht, wo nach Aussage der Vegetations- und Grundwasserbeobachtungen ein Wechsel in der Boden- und Humusbildung zu erwarten war; zum anderen wurde versucht, den Wechsel der Boden- und Humusformen auch in Abhängigkeit vom ebenfalls rasch wechselnden Kleinrelief zu erfassen. Daher wurden die Bohrungen stets in Reihen (Catenen) angelegt. Die sieben Hauptcatenen wurden unter Einschluß eines oder mehrerer Bodeneinschläge geführt. Darüber hinaus wurde eine ganze Reihe weiterer Catenen angelegt, die jene Teile des Untersuchungsgebietes erfaßt, in denen keine Bodeneinschläge gemacht werden konnten.

Die Beobachtungen zeigten, daß in vielen Fällen ein noch kleinräumigerer Wechsel vorlag, als er in den Catenen erfaßbar war. Aus diesem Grunde wurde an einer ausgewählten Testfläche eine „kleinräumige Bodenaufnahme" durchgeführt; ihre Ergebnisse erlaubten eine weit bessere Deutung der Beobachtungen an den Catenen.

Für die Laboratoriumsuntersuchungen wurden im Gelände zahlreiche Proben gesammelt. Einmal wurde Material für die chemischen und physikalischen Untersuchungen entnommen, darüber hinaus wurden mehrere Serien von Rahmenproben gesammelt, d. h. Proben, in denen aufgrund der Entnahmetechnik das natürliche Bodengefüge unzerstört erhalten bleibt [KUBIENA 1953]. Letzteres ist für die spätere Dünnschliffuntersuchung, die stets durchgeführt wurde, von größter Bedeutung, da nur so eine genaue Ansprache der Humusform und der Bodenstruktur möglich ist.

5.1.1. Profile

Die aufgenommenen Bodenprofile liegen innerhalb der Hauptcatenen, sie geben die wichtigsten Bodentypen und Humusformen des Untersuchungsgebietes wieder. Sie befinden sich unter den hauptsächlich verbreiteten Wiesengesellschaften und sind zudem in unmittelbarer Nähe der Beobachtungsstellen zum Grund- und Bodenwassergehalt angelegt worden.

Profil: Hot 1.0 (Foto 7)
Ort: am Pegel A und Brunnen 1, Innere Murgmatt
Geländeform: auf dem Schwemmfächer der Murg
Höhe: + 706,52 m NN

Bodentyp: Brauner Auboden (Braunerde)
Humusform: Mullartiger Moder, Mull

Untergrund: sandiger Lehm mit Schotter (Gneis und Granit)
Vegetation: *Centaureo nigrae - Arrhenatheretum polygonetosum*
Standort: frisch
Grundwasserhaushalt: Min.: — 290 cm (Pegel A), selten; Max.: — 5 cm, sehr selten; Gw rel. hochstehend: April, Mai; Gw rel. niedrig: Juni, Juli, seltener: August, September.

Profil: Hot 2.0
Ort: am Brunnen 2, Innere Murgmatt
Geländeform: Talsohle
Höhe: + 705,16 m NN
Bodentyp: Torfanmoor
Humusform: dystrophes Anmoor
Untergrund: grobsandiger Schotter
Vegetation: *Crepido-Juncetum,* starkwüchsiger Holcus-Zustand
Standort: vernäßt
Grundwasserhaushalt: Min.: — 65 cm, selten; Max.: ± 0 cm, häufig; Gw rel. hochstehend: frühes Frühjahr; Gw rel. niedrig: Herbst bzw. zweite Jahreshälfte.

Profil: Hot 3.0
Ort: am Brunnen 3, Innere Murgmatt
Geländeform: am Hangfuß, SE-exponiert
Höhe: + 707,88 m NN
Bodentyp: Torfanmoor
Humusform: dystrophes Anmoor
Untergrund: grobsandiger Kies
Vegetation: Kleinseggenbestand (Pappelanpflanzung)
Standort: vernäßt
Grundwasserhaushalt: stets bis an die Oberfläche vernäßt infolge oberflächennahen Hangwassers.

Profil: Hot 7.10 (= Bohrung 7.01) (Foto 8)
Ort: am Brunnen 6, Hintere Mühlenrainmatt
Geländeform: Stufe in terrassiertem Hang, SW-exponiert
Höhe: etwa + 690,00 m NN
Bodentyp: oligotrophe Braunerde
Humusform: Grobmoder
Untergrund: sandiger Lehm mit Schotter
Vegetation: *Arrhenatheretum montanum,* mager, ungedüngt
Standort: sehr trocken
Grundwasserhaushalt: keine Angaben.

Profil: Hot 8.0
Ort: am Brunnen 8 und am Pegel C, Äußere Murgmatt
Geländeform: Mulde im Mittelhang, Hang WSW-exponiert
Höhe: + 674,30 m NN
Bodentyp: Auanmoor auf Torf
Humusform: dystrophes Anmoor
Untergrund: grobsandiger Kies

Vegetation: *Crepido-Juncetum typicum,* mager
Standort: vernäßt, oligotroph versumpft
Grundwasserhaushalt: Min.: —40 cm, sehr selten; Max.: ± 0 cm, häufig: Gw rel. hochstehend: fast ganzjährig; Gw rel. niedrig: nur im Hochsommer.

Profil: Hot 9.0 (Foto 9)
Ort: am Brunnen 9, Äußere Murgmatt
Geländeform: Mulde im Mittelhang, Hang WSW-exponiert
Höhe: + 674,56 m NN
Bodentyp: Auanmoor auf Torf
Humusform: Anmoor, z. T. feuchter Grobmoder
Untergrund: grobsandiger Kies
Vegetation: *Crepido-Juncetum,* stark wüchsiger Holcus-Zustand
Standort: naß, bewässert
Grundwasserhaushalt: Min.: — 50 cm, sehr selten; Max.: + 5 cm, sehr selten; Gw rel. hochstehend: Frühjahr und Winter; Gw rel. niedrig: Sommer und Herbst.

Profil: Hot 10.0
Ort: am Brunnen 10, Äußere Murgmatt
Geländeform: eben, Uferbereich der Murg
Höhe + 668,48 m NN
Bodentyp: Rohauboden (kalkarme Rambla)
Humusform: feuchter Grobmoder (anmoorig)
Untergrund: grobsandiger Kies
Vegetation: *Polygono-Scirpetum silvatici* [OBERDORFER 1957] Waldsimsenwiese in staudenreicher Ausbildung
Standort: feucht, nicht vernäßt
Grundwasserhaushalt: Min.: — 50 cm, selten; Max.: + 18 cm, sehr selten; Gw relativ hochstehend: Frühjahr; Gw relativ niedrig: übriges Jahr.

Profil: Hot 11.0
Ort: am Brunnen 11, Äußere Murgmatt
Geländeform: Mulde im Mittelhang, SW-exponiert
Höhe: + 673,29 m NN
Bodentyp: Torfanmoor (z. T. Auanmoor auf Torf)
Humusform: dystrophes Anmoor
Untergrund: grobsandiger Kies
Vegetation: *Crepido-Juncetum typicum*
Standort: stark vernäßt
Grundwasserhaushalt: Min.: — 30 cm, selten; Max.: + 5 cm, selten; Gw rel. hochstehend: fast ganzjährig.

Profil: Hot 12.0 (Foto 11)
Ort: am Brunnen 12, Äußere Murgmatt
Geländeform: Oberhang, SW-exponiert
Höhe: + 675,51 m NN
Bodentyp: verbraunter Gley
Humusform: Grobmoder
Untergrund: lehmiger Sand

Vegetation: *Arrhenatheretum montanum*, stark wüchsig
Standort: frisch bis feucht, bewässert
Grundwasserhaushalt: Min.: — 50 cm, selten; Max.: ± 0 cm, sehr selten; Gw rel. hochstehend: Winter und Frühjahr kurzfristig; Gw rel. niedrig: Herbst, kurzfristig.

5.1.2. Mikromorphologische Charakteristik einiger Humusformen aus dem Untersuchungsgebiet

Die Humusformen wechseln sehr kleinflächig miteinander ab, zwischen den beiden Extrembildungen Mull bzw. mullartiger Moder und dystrophes Anmoor findet sich eine große Zahl von Zwischenformen und zwischen diesen viele Übergangsbildungen. Gerade letztere lassen sich nur auf mikromorphologischem Wege charakterisieren und beurteilen. Daher werden im folgenden einige der wichtigsten Humusbildungen anhand einiger Dünnschliffe erläutert.

Foto 11 zeigt einen Ausschnitt aus dem Dünnschliff eines Mull, wie er an günstigen Standorten der Talauen beobachtet wird. Der Mullcharakter ist vor allem an der innigen Verbindung von Humusmaterial, Mineralkörnern und übriger fester Bodensubstanz zu erkennen. Es haben sich so große und kleine zusammenhängende und stabile Aggregate gebildet.

Die Zersetzung der Pflanzenreste geschieht rasch, so daß im Präparat kaum noch welche zu beobachten sind. Überall ist der rege Einfluß eines tätigen Bodenlebens erkennbar: Regenwurmlosung (großes Aggregat rechts in Foto 11), viel rundliche Kleinarthropodenlosung (Mitte Foto 11).

Foto 12 zeigt einen Ausschnitt aus dem Dünnschliff eines trockenen Grobmoders. Im Gegensatz zum Mull bzw. mullartigen Moder sind hier die verschiedenen Komponenten der festen Bodensubstanz nur lose miteinander verbunden und bilden ein sperriges Gerüst. Charakteristisch für den Grobmoder ist auch die im Bild zu erkennende schlechtere Zersetzung der Pflanzenreste.

Die Tätigkeit der Bodentiere ist weitaus geringer, daher finden sich nur wenige verpilzte rundliche Losungen von kleineren Bodentieren; Regenwurmlosung ist sehr selten.

Foto 13 zeigt einen Ausschnitt aus dem Dünnschliff eines sehr feuchten, anmoorigen Grobmoders. Der Anteil an unzersetzten Pflanzenresten ist hier infolge der großen Feuchtigkeit sehr hoch, sie bilden ein sperriges Gemenge (im Bild deutlich erkennbar als hellbraunes faseriges Material). Die Struktur ist hier weitaus dichter als beim trockenen Grobmoder (vgl. Foto 12).

Foto 14 zeigt einen Ausschnitt aus einem dystrophen Anmoor. Die Zersetzung der Pflanzenreste ist infolge starker Vernässung äußerst dystroph. In Foto 14 sind wohlerhaltene Pflanzenreste erkennbar, sie sind stark von Eisenhydroxyd inkrustiert (kenntlich durch die intensive Rotfärbung). Die übrige Bodensubstanz ist weitgehend enteisent.

5.1.3. Chemisch-physikalische Untersuchungen

Die Analysen wurden von der Staatlichen Landwirtschaftlichen Versuchs- und Forschungsanstalt Augustenberg durchgeführt. Es handelt sich dabei um die Standard-Bodenuntersuchungen nach Bodenreaktion, Kalk-, Phosphorsäure- und Kalizustand; ferner wurden Schlämmanalysen gemacht und die Bodenart bestimmt. Die Ergebnisse dieser Untersuchungen sind in Tabelle 9 (S. 35) zusammengestellt. Die zur Untersuchung gelangten Proben stammen aus den Horizonten von sechs Bodeneinschlägen. Diese umfassen die wichtigsten Bodentypen und Humusformen.

Tabelle 9

Bodenanalysen[1])

Profil/Tiefe/ Horizont	pH (KCl)	Bodenart*)	Steine %	Grobsand %	Feinsand %	Schluff %	Ton %
Hot 1.0							
5 cm A	4,8	sL	0	10,4	50,3	31,3	8,0
20 cm (B)	4,8	sL	9,8	18,0	41,0	31,2	0
30 cm (B)	5,0	lS	48,4	20,3	21,1	8,4	1,8
50 cm (B)	5,1	lS	24,0	24,8	38,0	9,0	4,2
73 cm C	5,1	lS	46,9	17,4	26,9	6,4	2,4
Hot 7.1							
7 cm A	4,8	sL	20,5	25,0	38,1	16,4	0
15 cm (B)	4,7	sL	32,2	32,9	20,2	10,5	4,1
34 cm (B)	4,5	sL	45,8	19,9	22,7	8,7	2,9
45 cm (B)	4,5	lS	50,7	17,2	24,2	6,9	1,0
Hot 8.0							
8 cm A	4,6	hsL	0	15,5	42,1	42,4	0
20 cm A	4,6	sL	3,0	15,8	45,2	27,2	8,8
20 cm G	4,8	sL	23,1	10,8	31,8	24,7	9,6
Hot 9.0							
9 cm A	5,0	hsL	0	6,6	36,5	39,4	17,5
18 cm A	4,6	hsL	0	6,1	35,0	47,2	11,7
25 cm A/G	4,6	hsL	0	8,4	43,4	37,9	10,3
Hot 10.0							
6 cm A	4,6	hsL	0	23,9	52,2	23,9	0
14 cm A	4,5	hsL	0	24,4	55,6	14,5	5,5
28 cm C	4,4	hsL	11,4	25,8	52,1	6,4	4,3
50 cm C	4,5	hsL	28,6	23,8	37,3	10,3	0
Hot 12.0							
7 cm A	4,8	sL	9,3	15,1	45,1	21,3	9,2
14 cm A	4,7	sL	7,0	19,4	42,9	30,7	0
29 cm (B)	4,6	sL	14,5	25,7	35,5	14,5	9,8
42 cm G	5,1	lS	17,2	55,6	16,8	7,0	3,4
75 cm G	4,3	sL	15,0	29,4	28,8	16,1	10,7

*) lS = lehmiger Sand; sL = sandiger Lehm; h = humos.

1) Diese Bodenanalysen wurden durchgeführt von der Staatlichen Landwirtschaftlichen Versuchs- und Forschungsanstalt Augustenberg.

Die Braunerden haben in ihrem gesamten Profil pH-Werte des sauren Bereiches (Tabelle 9, S. 35). Dabei ist aber die Art der Humusbildung sehr verschieden: Während an frischen Standorten Mull bzw. mullartiger Moder mit sehr guter Zersetzung des anfallenden pflanzlichen Materials vorliegt, findet sich an sehr trockenen Standorten nur ein Grobmoder mit ungünstiger Zersetzung. Im Unterboden finden sich an frischen Standorten die höchsten überhaupt gemessenen Werte. An trockenen Standorten liegen sie weit niedriger, hier lassen sich mikromorphologisch auch schon Anzeichen einer humussauren Durchschlämmung erkennen. Sie fehlen an frischen Standorten vollständig.

Die Braunerden zeigen im A-Horizont, z. T. auch noch bis in den (B)-Horizont sandigen Lehm als Bodenart. Dabei ist der Gehalt an Schluff und Ton an den frischen bis feuchten Standorten mehr als doppelt so groß wie an den trockenen. Dies zeigt sich auch mikromorphologisch sehr deutlich an der wesentlich ungünstigeren Strukturbildung im A-Horizont. Im Unterboden findet sich an allen Braunerdestandorten lehmiger Sand, der Steinanteil nimmt sehr rasch nach der Tiefe hin zu. Es ergibt sich, daß an den trockenen Standorten allgemein eine weit gröbere Bodenart vorliegt als an den frischen bis feuchten.

Der verbraunte Gley zeigt im A-Horizont einen pH-Wert von 4,8. Die Humusform ist hier mullartiger Moder, der aber vielfach recht feucht ist. Die pH-Werte des Unterbodens liegen durchweg niedriger und erreichen im sehr feuchten bis nassen G-Horizont mit pH 4,3 ein Minimum.

Die Korngrößenanalyse läßt ähnliche Verhältnisse wie bei den Braunerden der frischen bis feuchten Standorte erkennen: Bis in den (B)-Horizont herrscht sandiger Lehm vor, der Steinanteil ist recht niedrig.

Im kalkarmen Rohauboden zeigen sich in den Bodenschichten bis 50 cm Tiefe ebenfalls pH-Werte des stark sauren Bereiches. Ab 60 cm Tiefe steigt das pH auf 4,9; in dieser Tiefe wird das ständig vorhandene und rasch fließende Grundwasser aus dem Einflußbereich der Murg erreicht.

Hier fehlen Steine im Oberboden völlig, auch der Gehalt an Schluff und Ton ist sehr gering, sandige Fraktionen überwiegen. Der durch das gesamte Profil angegebene Gehalt an Humus zeigt sich in den Dünnschliffen sehr deutlich als kaum zersetzte braungefärbte Pflanzenreste.

Die Auanmoore haben pH-Werte des sauren Bereiches. Bei den Auanmooren, die Torf aufliegen, findet sich bis etwa 25 cm Tiefe kein Steinanteil, der Grobsandanteil ist gering, desgleichen der Feinsandanteil. Die Auanmoore unterscheiden sich aber in den übrigen Fraktionen ganz erheblich.

5.1.4. Aufgenommene Bodencatenen

Im folgenden werden die vorkommenden Bodentypen und Humusformen in ihrer Verbreitung im Hangprofil beschrieben. Ihre flächenhafte Verbreitung wird in mehreren Karten unter Verwendung zahlreicher weiterer Bohrungen dargestellt. Die Skizzen der beschriebenen Hauptcatenen wurden in der Abb. 8 (S. 37) zusammengefaßt. Sie geben jeweils ein Hangquerprofil wieder und wurden so gezeichnet, daß sie für relativ breite Streifen des Hanges gelten.

In der Catena Hot 1 (vgl. Abb. 8) sind im wesentlichen nur zwei Bodentypen zu beobachten:

Am Oberhang eine Braunerde (mitunter noch als Brauner Auboden anzusprechen), die sehr tiefgründig ist. Sie wird am Mittelhang flacher und geht dann rasch (auf etwa 10 m) in einen anmoorigen Auboden über. Dabei wird die am Ober- und Mittelhang zu beobachtende Humusform Mull bzw. mullartiger Moder feuchter und bekommt zunehmend anmoorigen Charakter. Die tieferen Bodenhorizonte wechseln vom deutlichen (B)-Horizont der Braunerde zu einem G-Horizont an den stark grundwasserbeeinflußten niedriger gelegenen Standorten.

Die Bodenart wird hangabwärts zur Kl. Murg hin zunehmend gröber, in Ufernähe finden sich größere Blöcke bereits nahe der Oberfläche.

Am Unterhang ist die Wasserspeicherfähigkeit der Böden infolge der groben Bodenart weitaus geringer, so daß hier in Abhängigkeit vom Murgwasserstand und dem davon abhängigen Grundwasserstand nasse und bedeutend trockenere Perioden abwechseln; der Bodenwasserhaushalt ist sehr unausgeglichen.

Die Catena Hot 2/3 trifft in der Verlängerung der Skizze nach rechts auf die Catena Hot 1 (Abb. 8). Die Böden dieser Standorte sind Torfanmoore. Die beobachtete Humusform ist fast immer ein dystrophes Anmoor. Darunter findet sich

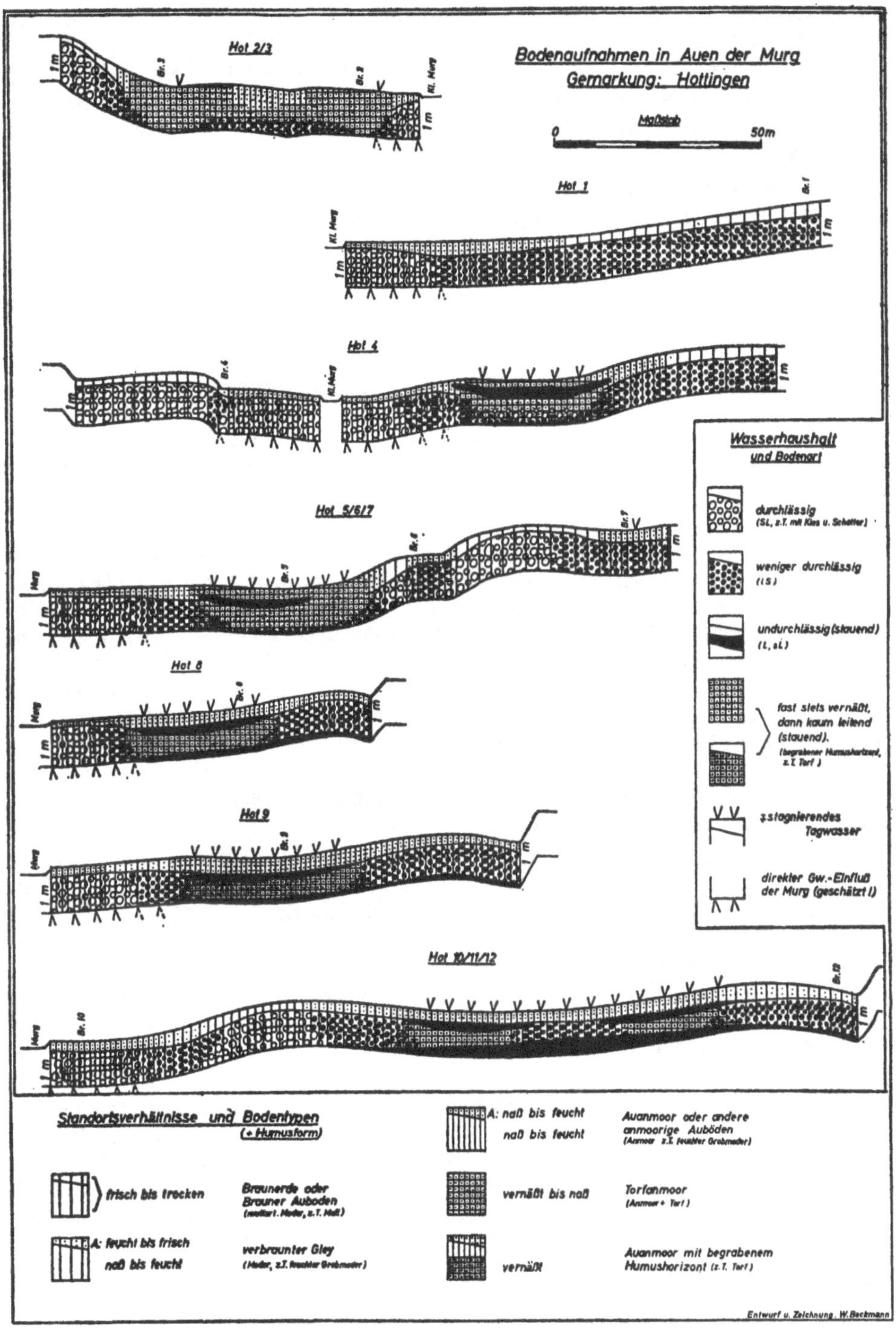

Abb. 8: Bodenaufnahmen und Catenen in Auen der Murg in der Gemarkung Hottingen

als Untergrund der derzeitigen Humusbildung und z. T. auch als ihr Ausgangsmaterial ein stark zersetzter Torf. Trockenere Bodenbildungen finden sich nur an oberen Teilen des Straßenhanges, die dem Hangwassereinfluß entzogen sind.

Die Böden am Oberhang und nahe der Kl. Murg sind grobsandig-kiesig und haben, ähnlich wie bei der Catena Hot 1 beschrieben, einen sehr unausgeglichenen Bodenwasserhaushalt.

Die Catena Hot 4 gibt einen Querschnitt vom westlichen Rand der Talauen bis auf den Schwemmkegel der Murg. Im oberen Teil des rechten Hanges findet sich Braunerde mit mullartigem Moder als Humusform, die in ihren Eigenschaften weitgehend der in Catena Hot 1 gleicht. Sie geht hier jedoch schon rasch in ein Auanmoor über, das am Rande der Mulde in ein Torfanmoor, bzw. in ein Auanmoor mit begrabenem Humushorizont übergeht. Zur Kl. Murg hin findet sich dann wieder ein kalkarmer Rohauboden.

Die Catena 5/6/7 zeigt einen Schnitt durch den östlichen Teil der Murgauen sowie den anschließenden Hang. Der Hang ist — wenigstens im Bereich der Catena — mehrfach durch Stufen gegliedert; deren Breite, Höhe und Lage zueinander wechseln kleinräumig. Sehr verbreitet ist die in der Abb. 8 dargestellte Hangausbildung.

Die Bodentypen und Humusformen wechseln häufig ab. Auf dem Hang, der die Talauen begrenzt, finden sich an den Stufenstirnen und in einem schmalen Streifen oberhalb derselben trockene oligotrophe Braunerden mit Grobmoder als Humusform. Unterhalb der Stufen und in flachen Vertiefungen an horizontalen Partien des Hanges finden sich feuchtere Standortsverhältnisse, so daß die Humusbildung noch als mullartiger Moder bezeichnet werden kann. Vielfach sind diese Zonen sogar sehr feucht und zeigen anmoorige Humusbildung. Die dargestellten Teile der Murgauen weisen wiederum die typische Mulde im Hangrelief auf. Hier sind ähnliche Verhältnisse im Wechsel der Boden- und Humusbildungen wie vorher zu erkennen, Auanmoor, Torfanmoor und kalkarmer Rohauboden schließen aneinander an; in den Humusformen wechseln Anmoor, dystrophes Anmoor, Anmoor und feuchter Grobmoder miteinander ab.

Die Catena Hot 8 und die beiden folgenden liegen alle auf dem gleichen linksseitigen Hang der Talauen. Es zeigt sich hier wiederum der typische Hangverlauf mit einer eingeschalteten Mulde; sie ist auch hier stark vernäßt. In den Catenen Hot 8 und 9 liegt diese Mulde in der Mitte des Hanges und ist etwa 30 m breit, in der Catena Hot 10/11/12 ist sie wesentlich breiter (vgl. Abb. 8, S. 37). Hier ist sie durch einen flachen, aber deutlich im Gelände sichtbaren Rücken vom Uferbereich der Murg abgetrennt; dadurch ist die stagnierende Vernässung in der Mulde noch weitaus stärker als bei den Catenen Hot 8 und 9, wo dieser Rücken nur sehr flach ist.

Die Abfolge der Bodentypen und Humusformen ist hier eine ähnliche wie bei den vorher beschriebenen Schnitten durch die Talauen; auch die Bodenarten und die von ihnen mitbestimmte Art des Bodenwasserhaushaltes ähneln in diesen drei Catenen denen der vorher beschriebenen. Der begrabene Torf in der Mulde verstärkt noch die stauende Wirkung des G-Horizontes des rezenten Auanmoores. Auch hier ist in einem mehr oder weniger breiten Streifen im Uferbereich der Murg eine weitaus gröbere Bodenart zu beobachten als sonst in den Talauen (abgesehen von dem Rücken vor der Murg), so daß hier keine langfristige Vernässung, sondern vielmehr ein starker Wechsel zwischen nassen und mehr oder weniger feuchten Standortsbedingungen zu beobachten ist.

Bodentypen und vor allem Humusformen wechseln im Untersuchungsgebiet sehr kleinflächig, so daß an einer Testfläche eine kleinräumige Bodenaufnahme durchgeführt wurde. Drei Bohrreihen mit jeweils 18—20 Bohrungen im Abstand von drei Metern wurden angelegt; die Bohrreihen laufen im Abstand von 10 m parallel. Die Lage der Testfläche im Gelände gibt Kartenskizze 2 (S. 5), sie befindet sich in der Äußeren Murgmatt neben der Catena Hot 10/11/12. Die Ergebnisse der Bodenarten-, Bodentypen-, Humusformen- und Bodenfeuchtigkeitsaufnahmen wurden im Maßstab 1 : 200 gezeichnet.

Das Kleinrelief der Testfläche ist sehr ausgeglichen; abgesehen vom 1 m hohen Straßenhang und einem schmalen, etwa 50 cm hohen Rücken unter der Stangenmattwuhr fällt das Gelände gleichmäßig nach W ab. Die Vegetation wechselt in der Probefläche mehrfach. Nach Krause (frdl. mündl. u. schriftl. Mitt.) findet sich unterhalb der Straße ein *Centaureo nigrae-Arrhenatheretum festucetosum rubrae* [Oberdorfer 1957]; am unteren Rand der Probefläche ist ein *Crepido-Juncetum acutiflori typicum* [Oberdorfer 1957] zu beobachten. Dazwischen finden sich in Abhängigkeit von Gräben und kleinen Quellaustritten eine feuchtere Fazies der oberen und eine trockenere Fazies der unteren Assoziation; die Gräben werden gesäumt von der sehr konkurrenzfähigen *Carex brizoides.*

In Abb. 9 (S. 40) sind die Profilskizzen der drei Bohrreihen R 1 bis R 3 wiedergegeben.

Die Karte 4 gibt die flächenhafte Verbreitung der Bodenarten, die Karte 5 die der Bodentypen dieser Testfläche wieder. Aus dem Vergleich der beiden Karten ergibt sich, daß, abgesehen von den Flächen mit einem begrabenen A-Horizont im Unterboden, kaum eine direkte Beziehung zwischen Bodentyp und Bodenart erkennbar ist. Der braune Auboden und der verbraunte Gley finden sich sowohl über durchgehend sandigem Lehm als auch dort, wo im Untergrund Kies und Schotter vorhanden sind. Das gleiche gilt auch für die Auanmoore, die ebenfalls über die Grenzen der Bodenarten hinweggreifen. Die gleichen Beobachtungen lassen sich auch im übrigen Untersuchungsgebiet machen.

Die verschiedenen Humusformen wechseln ebenfalls sehr rasch (Karte 6). Im Gegensatz zu den Bodenarten und den Bodentypen ist aber ihr Wechsel weitgehend von Gräben abhängig. Der Vergleich der Karten der Bodenarten und Humusformen zeigt, daß die Humusformen keinerlei Beziehung zu den Bodenarten erkennen lassen. Mull und mullartiger Moder finden sich über lehmigem Sand ebenso wie über sandigem Lehm und kiesigem Untergrund; Anmoor und dystrophes Anmoor greifen in ihren Grenzen auch über die Standorte mit begrabenem A-Horizont hinweg. Humusformen und Bodentypen decken sich vielfach in ihren Grenzen, zeigen aber an anderen Stellen gar keine Übereinstimmung (vgl. Karten 5 und 6).

Die Bodenfeuchtigkeit nimmt in der Probefläche hangabwärts zu, so daß sich etwa parallele Streifen ähnlicher Feuchtigkeit im Boden ergeben. (Die Angaben zur Bodenfeuchtigkeit geben nur einen mittleren Wert aus dem im Laufe des Jahres stark wechselnden Bodenwassergehalt. Hier sind Geländebeobachtungen im Früh- und Spätsommer sowie im Frühjahr verwendet worden, zudem die langfristigen Grund- und Bodenwasserbeobachtungen an den Brunnen 11 und 12). Die Ergebnisse sind in Karte 7 dargestellt.

Der Vergleich der Karten 4 und 7 ergibt, daß Übereinstimmung zwischen Bodenart und Bodenfeuchtigkeit nur selten zu erkennen ist. Die Karten 5 und 7 zeigen weit bessere Übereinstimmung der Grenzen. So endet z. B. der Braune Auboden

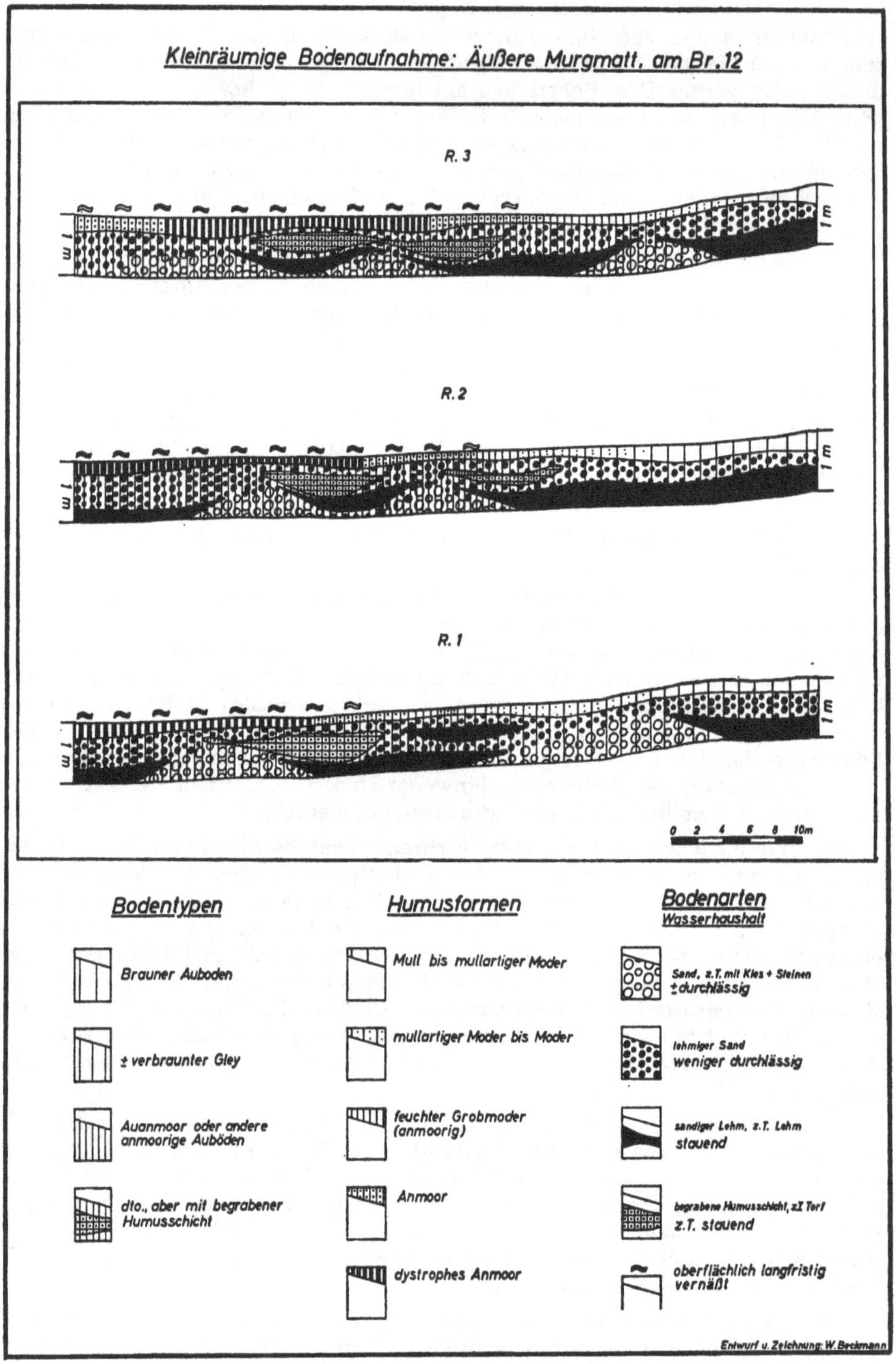

Abb. 9: Kleinräumige Bodenaufnahmen in der Äußeren Murgmatt am Brunnen 12

deutlich an der Grenze der trockenen bis frischen Standorte. Dort, wo der Oberboden nasse Bedingungen zeigt, der Unterboden ebenfalls nasser wird, beginnen die Auanmoore.

Der Vergleich zwischen Bodenfeuchtigkeit und Humusform (vgl. Karten 6 und 7) zeigt, daß besonders an den Grenzen der Feuchtigkeitsverhältnisse im Oberboden gute Übereinstimmung herrscht. So endet z. B. das Anmoor dort, wo eine starke oberflächliche Vernässung aufhört; die günstigste Humusform Mull ist auf jene Teile der Probefläche beschränkt, die im ganzen Profil frisch sind. Zonen mit feuchtem oder nassem Unterboden, überhaupt Unterschiede in der Bodenfeuchtigkeit des Unterbodens fallen dagegen in der Humusformen-Karte nicht auf.

5.2. Zusammenfassung der bodenkundlichen Ergebnisse

Aus den Beobachtungen an den Profilen, den Catenen und in der Testfläche können Schlüsse auf die flächenmäßige Verbreitung der Bodenbildungen gezogen werden, so daß nunmehr auch Karten der Bodentypen und Humusformen für das ganze Untersuchungsgebiet entworfen werden können. Eine Karte der Bodenarten wurde nicht gezeichnet, da diese einen so kleinflächigen Wechsel, sowohl horizontal wie vertikal, aufweisen, daß zu starke Vereinfachungen notwendig gewesen wären; zudem hat die kleinräumige Bodenaufnahme gezeigt, daß vor allem in den Talauen häufig nur undeutliche Beziehungen zu Bodentyp und Humusform bestehen.

Bodentypen und Humusformen wurden für zwei typische Geländeausschnitte im Maßstab 1 : 1500 kartenmäßig dargestellt (vgl. Abb. 2, S. 5). Ein kleinerer Maßstab hätte zu Vereinfachungen gezwungen, durch die eine Reihe von wichtigen Unterschieden in den Bodenbildungen nicht hätte dargestellt werden können.

5.2.1. Bodenarten

Grobe Bodenarten finden sich vor allem an sehr steilen und konvexen Hängen, wo zahlreiche große Blöcke von Gneis und Granit nur dünn von einer auch groben Feinerdeschicht verhüllt sind. Sie finden sich aber auch im direkten Uferbereich der Murg, bzw. der größeren Oberflächengewässer. Dabei ist der Oberboden (bis 40 cm) meist feinkörniger (lehmiger Grobsand) als der Unterboden, der stark mit Steinen und Kies durchsetzt ist. Linsen von verschiedenen Bodenarten sind sehr häufig. Ferner ist sehr grobes Material auch auf einigen flachen Rücken zu beobachten, die in der Äußeren Murgmatt das linke Ufer der Murg begleiten.

Die größten Teile der Talauen werden eingenommen von Flächen mit mittleren Bodenarten im Oberboden (lehmiger Sand), in denen Linsen gröberen Materials häufig sind (Grobsand mit Kies). Der Unterboden (bis etwa 1,5 m) ist häufig gröber (grobsandiger Lehm); an manchen Stellen, so etwa in den Mulden, finden sich feinere Schichten mit sandigem Lehm oder Lehm, häufig sind hier auch humose Lehme oder begrabene A-Horizonte (± stark zersetzter Torf). Den tieferen Untergrund bilden stets steinige und kiesige Sande. Deren Obergrenze wechselt stark, einen Überblick über ihren Verlauf bieten die Catenen (vgl. Abb. 8, S. 37).

5.2.2. Bodentypen

Die Bodentypen sind in ihrer flächenmäßigen Verbreitung in der Karte 8 dargestellt.

Der kalkarme Rohauboden [Kubiena 1953] ist an die jüngsten Ablagerungen der größeren Fließgewässer gebunden, er findet sich daher nur in deren unmittelbarem Uferbereich. Die Breite der Streifen mit kalkarmer Rambla gibt Auskunft über die Erosion oder Akkumulation der Gewässer. Die Erosion an den Ufern ist dort stark, wo der Streifen mit Rambla schmal ist, die Akkumulation ist oder war stark, wo er breit ist.

Der kalkarme Rohauboden ist gekennzeichnet durch fehlenden oder undeutlichen Humushorizont und fehlende Horizontierung in der Tiefe. Chemische Verwitterung ist kaum vorhanden. Die Bodenart wechselt stark, schlämmstoffarme Böden sind die Regel [Kubiena 1953]. Die gröbere Bodenart bedingt gute Wasserdurchlässigkeit, daher ist hier der Boden zwar während Hochwasser bis an die Oberfläche vernäßt, in der übrigen Zeit jedoch bis etwa 50 cm Tiefe frisch (manchmal trocken) und erst darunter naß.

Auanmoor und andere anmoorige Auböden nehmen eine große Fläche ein (Karte 8). Sie sind weder an eine bestimmte Bodenart noch an bestimmte morphologische Einheiten gebunden, sondern finden sich dort, wo nasse bis vernäßte Standortsverhältnisse herrschen. An den Hängen findet sich verbreitet Hanganmoor, das in der Karte die gleiche Signatur erhalten hat; es ist im Vergleich mit der Karte der Morphologie leicht von jenem zu trennen. Es unterscheidet sich auch weniger durch seine Eigenschaften vom Auanmoor, als vielmehr durch seine Entstehung. In Quellfluren am Hangfuß greifen beide Subtypen ineinander.

Böden mit begrabenem A-Horizont im Unterboden sind in der Karte 8 besonders eingezeichnet, da sie weitaus ungünstigere Standorte markieren. Diese Böden sind vor allem in der Äußeren Murgmatt verbreitet. Die Mächtigkeit des begrabenen A-Horizonts wechselt stark von 50—80 cm bis zu nur 5—10 cm. Vor allem torfige Bildungen liegen einem dichten Lehm auf und sind nach oben zum rezenten Auanmoor durch einen ähnlich dichten Horizont abgeschlossen. Diese Humusschichten sind meist dauernd vernäßt und in diesem Zustand kaum oder gar nicht leitend, sie erhöhen also stagnierende Vernässung (Abb. 8, S. 37).

Torfanmoor findet sich in den Talauen nur in zwei kleineren Flächen. Diese Standorte sind durch starke Quellfluren oder stagnierende oberflächennahe Vernässung besonders ungünstig. Torfanmoore sind gekennzeichnet durch einen besonders mächtigen A-Horizont, der im oberen Teil dystrophes Anmoor ist, das nach unten in mehr oder weniger zersetzten Torf übergeht. Der Torf liegt meist mit scharfer Grenze auf sandig-kiesigem Lehm, in dessen obere 10—15 Zentimeter oft Humusmaterial eingeschwemmt ist. Die Verbreitung dieser Böden gibt Karte 8 an, die große Mächtigkeit der A-Horizonte ist an einigen Catenen der Abb. 8 erkennbar.

Verbraunter Gley ist nur in einem wechselnd schmalen Streifen unterhalb der Straße in der Äußeren Murgmatt zu beobachten. Er ist entstanden aus einem Gley (hier meist Mullgley), nachdem der ehemals recht hohe Grundwasserstand sich gesenkt hatte, wodurch die Möglichkeiten zur Ausbildung eines braunen (B)-Horizontes über dem G-Horizont gegeben waren. Bei Verstärkung dieser Tendenz geht die Bodenentwicklung weiter zur Braunerde, bzw. auf fluviatilen Sedimenten zum Braunen Auboden.

Der verbraunte Gley ist charakterisiert durch grundwasserfreie Humusbildung (hier meist Mull), grundwasserfreien (B)-Horizont und einen noch grundwasserbeeinflußten Unterboden. Der Wasserhaushalt dieser Böden ist sehr günstig, da der Oberboden selten austrocknet und der Unterboden stets „grundfrisch" ist [Kubiena 1953]. Als Bodenart findet sich durchgehend durch das Profil lehmiger Sand.

Brauner Auboden und Braunerden sind in der Karte 8 mit der gleichen Signatur versehen, da sie sich weniger durch ihre Eigenschaften als vielmehr durch ihre

Entstehung unterscheiden. Beide Böden finden sich nur auf frischen bis feuchten Standorten, in oligotropher Ausbildung auf trockenen Stellen. Daher sind sie auf die Hänge und höher gelegenen Teile der Talauen beschränkt.

Der Braune Auboden ist ein sehr reifer Auboden, in dem Merkmale von Roh- und Grundwasserböden weitgehend verschwunden sind. Die Humusbildung ist terrestrisch, die Horizonte gehen fließend ineinander über, Struktur und Bodenwasserhaushalt sind günstig, Wanderung von Schlämmstoffen fehlt. Die Bodenart ist meist lehmiger Sand, gröbere Bodenart führt zu bedeutend trockeneren Verhältnissen.

Braunerden finden sich vor allem auf den Hängen, die die Talauen umrahmen, und verbreitet auf den anschließenden Hochflächen. Zudem finden sie sich auf einem schmalen Rücken in der Äußeren Murgmatt. Braunerden an steilen Hängen sind meist trocken und oligotroph, sie sind zudem sehr flachgründig und werden oft von größeren Steinen durchragt. Flache Braunerden finden sich außerdem auch auf konvexen Hängen, Bergspornen oder kleineren Stufenstirnen, wie sie in der Hinteren Mühlenrainmatt oft vorkommen. An flachen, nur schwach geneigten und konkaven Hängen sind die Böden tiefgründiger, feucht bis frisch. Das gleiche gilt für die Braunerden auf den Hochflächen. Die Humusbildung ist im allgemeinen günstig, ein Grundwassereinfluß im Unterboden fehlt. Die Tendenz zu humussaurer Durchschlämmung ist nur unter älteren reinen Fichtenforsten erkennbar, sie ist nur äußerst schwach an trockenen oligotrophen Braunerden zu beobachten.

Die Braunerden schließen hier wie auch in vielen anderen Gebieten des Hotzenwaldes häufig an die Braunen Auböden an, vielfach verzahnen sich beide Typen miteinander, so daß eine exakte Trennung kaum möglich ist. Sie ist auch gerade für landschaftsökologische Untersuchungen gar nicht notwendig, da sich beide Böden in ihren Eigenschaften und in den aus ihrem Vorkommen zu schließenden Standortseigenschaften kaum unterscheiden. Das gleiche gilt übrigens auch für die Trennung von Auanmoor und Hanganmoor.

5.2.3. Humusformen

Die Karte 9 gibt für zwei ausgewählte Ausschnitte aus der Gemarkung Hottingen die flächenmäßige Verbreitung der verschiedenen Humusformen.

Die terrestrischen Humusbildungen Mull bzw. mullartiger Moder und Moder sind in der Karte 9 mit gleicher Signatur versehen, da sie sehr fließende Übergänge zwischeneinander aufweisen und zudem häufig kleinere Inseln der einen Humusform innerhalb der anderen auftreten. Besonders Mullbildung findet sich nur an besonders begünstigten Standorten, die ausgeglichene Durchfeuchtung, gute Durchlüftung und guten Nährstoffhaushalt aufweisen und die zudem eine Vegetation tragen, die leicht zersetzbaren Bestandesabfall liefert. Diese Bedingungen sind in den Talauen und auf den umrahmenden Hängen nur selten gegeben, sie sind häufiger auf den anschließenden Hochflächen. Mull ist streng an die Grenzen von guter Braunerde und Braunem Auboden gebunden, greift jedoch über die Grenzen der Bodenarten durchaus hinweg.

Der mullartige Moder besitzt nur wenig ungünstigere Eigenschaften als der Mull, unter anderem fehlt ihm die Bildung von stabilen Ton-Humus-Komplexen, die den Mull auszeichnen; es zeigt sich noch eine deutliche Trennung von Humusmaterial und Mineralteilchen, die Zersetzung des Bestandesabfalles ist eine rohere als beim Mull. Der mullartige Moder ist weitaus verbreiteter als der Mull, er findet sich weithin auf Braunerden, auch oligotrophen, Braunem Auboden und verbrauntem Gley.

Der mullartige Moder schließt im allgemeinen mit sehr fließendem Übergang an den Mull an, danach folgt zu ungünstigeren Standorten (sowohl trockeneren als auch feuchteren) der Moder (meist allerdings noch als Feinmoder ausgebildet). Er geht bei entscheidender Zunahme der Feuchtigkeit in anmoorigen Grobmoder über, bei großer Trockenheit des Standortes in trockenen Grobmoder. Erstere Moderform findet sich, über die Grenzen der Braunerde und des Braunen Aubodens hinausgehend, auch auf nicht zu sehr nassem Auanmoor oder Hanganmoor. Die beiden letzteren Humusbildungen unterscheiden sich vom mullartigen Moder vorwiegend durch eine bedeutend rohere Zersetzung des Bestandesabfalles und die fehlende Verbindung von Humus- und Mineralbestandteilen.

Anmoor kommt in mehreren Varianten vom eutrophen bis zum dystrophen Anmoor vor. Die dystrophe Form ist in der Karte 9 besonders eingezeichnet, da sie die ungünstigsten Standorte des Untersuchungsgebietes charakterisiert. Die Humusform Anmoor nimmt eine sehr große Fläche ein, sie findet sich an allen nassen und vernäßten Standorten. Zu diesen gehören sowohl die Quellfluren und ihre Umgebung als auch die stagnierend durch mangelnden Oberflächenabfluß vernäßten Standorte. Das Anmoor ist in seiner Verbreitung nicht an bestimmte Bodenarten oder Bodentypen gebunden, es findet sich durchaus über lehmigem Sand, Lehm oder Grobsand und bei anmoorigen Auböden und Torfanmoor. Am deutlichsten ist die Abhängigkeit von dystrophem Anmoor und Torfanmoor.

Die anmoorigen Humusbildungen sind allgemein durch eine infolge Vernässung stark gehemmte Zersetzung des pflanzlichen Materials gekennzeichnet. Daher sammeln sich große Mengen unzersetzter Substanz an. Die Struktur des Anmoors ist mit zunehmender Nässe immer instabiler; es verfließt bei Feuchtigkeit vollständig. Im Gegensatz zum Torfmoor ist aber das Anmoor eine durchaus tätige Humusform mit regem, je nach den Feuchtigkeitsverhältnissen in den verschiedenen Jahreszeiten wechselndem Bodenleben. Bei Abtrocknung (etwa durch Absenkung des Grundwassers) entwickeln sich aus Anmoor bald die terrestrischen und sehr günstigen Humusformen Mull oder mullartiger Moder. Eine deutliche Verbesserung der an sich ungünstigen Verhältnisse im Anmoor ist im Untersuchungsgebiet deutlich als Folge von durchspülender Bewässerung zu erkennen. Das gleiche gilt für gut entwässerte Standorte.

Humusformen werden in früheren Arbeiten kaum erwähnt, doch dürften die oben genannten Anmoorvarianten die Humusformen sein, die den anmoorigen Böden und Gleyen, von denen STREMME [1930 b] und GANSSEN [1957] sprechen, zuzuordnen sind.

6. Landschaftshaushalt

6.0. Methodische Vorbemerkungen

Im folgenden werden die in den Kap. 1 bis 5 vorgelegten Beobachtungsergebnisse der physiogeographischen Faktoren zusammenfassend ausgewertet.

Standorte mit gleichen oder ähnlichen landschaftsökologischen Verhältnissen werden in ihrer flächenhaften Verbreitung dargestellt. Die Grenzen zwischen ihnen sind naturgemäß fließend und veränderlich, daher sind die eingezeichneten Grenzen die ihres typischen Auftretens, dazwischen finden sich mehr oder weniger breite Übergangszonen. Es werden auch nur vier große Klassen definiert, diese sind aber so eingerichtet, daß sie sich leicht weiter differenzieren lassen.

Eine Klassifizierung des Landschaftshaushaltes darf nicht auf der isolierten Bewertung des Erfolges von irgendeinem Einzelfaktor im Gesamthaushalt aufgebaut werden. Vielmehr sind alle Einzelfaktoren gemeinsam im Hinblick auf ihr aktives und passives Verhalten im Rahmen der Faktorenkombination [Krause 1962] zu bewerten. Erst dann sind die Unterschiede im Komplex Gesamthaushalt, d. h. die Unterschiede im funktionalen Zusammenspiel aller Faktoren die Grundlagen der Klassifizierung. Und nur bei diesen gilt es, Klassen zu definieren.

Diese Unterschiede sollen unter Berücksichtigung folgender Gesichtspunkte definiert werden:

1. Das Kräfteverhältnis zwischen den beteiligten Faktoren

   Dabei ist zu unterschieden zwischen Standorten, an denen die Kräfte der Einzelfaktoren nahezu oder völlig im Gleichgewicht miteinander stehen, und solchen, an denen die Kräfte von einem oder wenigen Faktoren ein deutliches Übergewicht haben.

2. Das Wirkungsverhältnis zwischen den beteiligten Faktoren

   Die Wirkungen der beteiligten Faktoren sind im Hinblick auf die Entwicklungsmöglichkeiten der dynamischen Einzelfaktoren und die Erhaltung des derzeitigen Zustandes der statischen Faktoren zu betrachten. Sie können „hemmend“ oder „fördernd“ sein. Daher ist hier zu unterscheiden zwischen Standorten, an denen die hemmenden Kräfte eines oder mehrerer Faktoren die gesamten fördernden übertreffen, und solchen, an denen die fördernden überwiegen, sowie solchen, an denen die Summen beider im Gleichgewicht stehen.

3. Der Aufbau des Wirkungsgefüges zwischen den Faktoren

   Dabei werden sich Standorte ausscheiden lassen, an denen Wirkungen bzw. Teilwirkungen eines oder mehrerer Faktoren durch die der anderen weitgehend ergänzt werden. Das bedeutet, daß hier alle aktiven und passiven Kräfte der Einzelfaktoren miteinander konvergent zusammenwirken. Ferner werden sich Standorte finden, an denen dies nicht der Fall ist, wo also die Kräfte der beteiligten Faktoren nicht miteinander im Einklang stehen, sondern divergierend gegeneinander wirken.

4. Die Stabilität des Wirkungsgefüges zwischen den Faktoren

   Dabei werden Standorte auszuscheiden sein, an denen das vorliegende funktionelle Zusammenspiel der Einzelfaktoren auch dann mehr oder weniger erhalten bleibt, bzw. sich nach Unterbrechung wieder einstellt, wenn einer oder mehrere Faktoren sich dauernd oder befristet wandeln. Ferner wird es Standorte geben, an denen das derzeitige Zusammenwirken der Faktoren durch Veränderungen in der Wirkungskraft eines oder mehrerer Faktoren dauerhaft verändert wird, bzw. an denen die Änderung eines Faktors Anstoß zur Entwicklung einer völlig anderen Ökologie geben kann.

Auf Grund dieser Unterscheidungsmerkmale können Klassen von Standorten mit gleicher oder ähnlicher Ökologie definiert werden:

I. Standorte mit „harmonischem und stabilem Landschaftshaushalt" sollen diejenigen sein, an denen die physiogeographischen Faktoren, die die Ökologie des Standortes bestimmen, ein Gleichgewicht der Kräfte erkennen lassen, an denen ferner ihre fördernden Wirkungen die hemmenden übertreffen, alle aktiven und passiven Kräfte der Einzelfaktoren sich ergänzen und an denen zudem dieses Zusammenwirken dauerhaft ist und sich nur schwer ändert.

II. Standorte mit „harmonischem und labilem Landschaftshaushalt" sollen diejenigen sein, an denen die Kräfte der physiogeographischen Faktoren miteinander im Gleichgewicht stehen und die Summen der fördernden und der hemmenden Wirkungen dieser Kräfte ebenfalls gleich sind, an denen sich das aktive und passive Verhalten der Einzelfaktoren weitgehend ergänzt, an denen aber dieser Zustand durch Änderungen an Kräften eines oder mehrerer Faktoren relativ leicht und dauerhaft geändert wird, bzw. Anstoß zu tiefgreifendem Wandel geben kann.

III. Standorte mit „disharmonischem und stabilem Landschaftshaushalt" sollen diejenigen sein, an denen die Kräfte der physiogeographischen Einzelfaktoren nicht im Gleichgewicht stehen, sondern an denen einer oder mehrere Faktoren in extremer Weise Einfluß nehmen, an denen ferner die hemmenden Kräfte die fördernden überwiegen, an denen auch keine gegenseitige Ergänzung des passiven und aktiven Verhaltens der Faktoren beobachtet wird, an denen zudem diese Verhältnisse stabil sind und nur schwer grundlegend geändert werden.

IV. Standorte mit „disharmonischem und labilem Landschaftshaushalt" sollen diejenigen sein, an denen die Kräfte der physiogeographischen Einzelfaktoren nicht miteinander im Gleichgewicht stehen, sondern einer oder mehrere überwiegenden Einfluß nehmen; hier können die fördernden und hemmenden Wirkungen dieser Kräfte in ganz verschiedenem Verhältnis zueinander stehen; aktives und passives Verhalten der Faktoren ergänzen sich nicht oder nur sehr unvollkommen; die derzeitige Form des Zusammenspiels der Faktoren ändert sich leicht nach Wandlungen im Wirken eines oder mehrerer Faktoren.

Die unter IV definierten Standorte mit disharmonischem und labilem Landschaftshaushalt teilen sich bei Darstellung aller vier Klassen zwanglos in zwei Gruppen, nämlich jene, in denen sich bei verstärkendem Einfluß fördernder Wirkungen von Einzelfaktoren die Standorte in ihrer Ökologie der Klasse I annähern, und jene zweite Gruppe, in der die hemmenden Wirkungen überwiegen; diese Standorte tendieren zur Klasse III.

Eine solche Definition, wie sie oben gegeben ist, ermöglicht jetzt, die verschiedenen Standorte eines Untersuchungsgebietes ihrem Haushalt nach wertend zu betrachten; sie ermöglicht vor allem aber auch, Standorte mit gleichen oder ähnlichen ökologischen Verhältnissen in ihrer flächenmäßigen Verbreitung darzustellen. Dies muß jetzt geschehen auf Grund der erlangten Kenntnis über die physiogeographischen Einzelfaktoren, ihr passives und aktives Verhalten; ferner ist die Kenntnis des funktionalen Zusammenspiels zwischen den Faktoren notwendig. Beides gestattet dann, die unter 1 bis 4 genannten Unterscheidungsmerkmale in Anwendung zu bringen. Danach können die Standorte nach ihren verschiedenen ökologischen Verhältnissen auf Grund der Definitionen I bis IV den verschiedenen Klassen zugeordnet werden. Damit ist die Zeichnung einer Karte des Landschaftshaushaltes möglich.

Eine derartige Karte wurde für das Untersuchungsgebiet entworfen, das Wirkungsgefüge an den verschiedenen Standorten wird in mehreren Schemata dargestellt.

6.1. Verbreitung und Charakteristik von Standorten mit harmonischem und stabilem Landschaftshaushalt

Die landschaftsökologischen Verhältnisse im Untersuchungsgebiet sind in der Karte 10 dargestellt worden. Sie zeigt, daß Standorte mit harmonischem und stabilem Landschaftshaushalt vor allem auf den die Talauen umrahmenden, schwach geneigten Hängen und den anschließenden Hochflächen vorkommen. In den Talauen selbst finden sich größere zusammenhängende Flächen besonders auf Schwemmfächern und am Rande.

Diesen Standorten gemeinsam ist vor allem ein ausgeglichenes Relief; starke Höhenunterschiede fehlen ihnen nicht nur selbst, sondern fehlen auch in ihrer näheren Umgebung. Daher ist kaum Erosion und kaum Akkumulation — abgesehen von den Folgen der Bewässerungsmaßnahmen — zu beobachten. Das vorliegende Relief ist also kaum Veränderungen unterworfen; daher ist eine kontinuierliche Boden-, Humus- und Vegetationsentwicklung vorhanden.

Die Bodenart ist überall ein mehr oder weniger sandiger Lehm mit Linsen gröberen Materials, nirgends treten verdichtete und stauende Horizonte im Boden auf. Der Bodentyp ist Braunerde, Brauner Auboden oder verbraunter Gley. Die Bodenstruktur ist hohlraumreich, locker und stabil; Wasserkapazität und Wasserdurchlässigkeit sind günstig, das Wasserspeichervermögen ist hoch. Die Humusform ist Mull, mullartiger Moder oder Feinmoder. Die Zersetzungsbedingungen im A-Horizont sind günstig. Auch die tieferen Horizonte der Böden sind im allgemeinen nicht oder nur sporadisch von Grundwasser beeinflußt. Daher fehlen Hinweise auf Bildung von G-Horizonten.

Die ausgeglichene und stets ausreichende Bodenfeuchtigkeit sowie das günstige Bodenklima erlauben eine reiche Entwicklung der Bodenfauna und -flora und führen zu sehr guten Zersetzungsbedingungen der anfallenden organischen Substanz und zur Entwicklung eines stabilen Krümelgefüges, so daß trotz sauren Milieus keine Verschlämmungstendenzen zu beobachten sind.

Die auf Grund dieser Faktorenkombination entwickelte Pflanzengesellschaft ist bei Grünlandnutzung ein stark wüchsiges *Arrhenatheretum montanum,* dessen hohe Produktivität durch Bewässerung mancherorts noch gesteigert wird. Diese Wirtschaftsmaßnahme ist an diesen Standorten jedoch nicht ausschlaggebend für die Entwicklung des *A. montanum,* es stellt sich auch an nicht bewässerten Standorten ein. Die Bewässerung erhöht in erster Linie die Produktion; Ähnliches kann hier auch durch Düngung erreicht werden (Krause, frdl. Mtt. v. 4. 4. 62, vgl. Tabelle 4, S. 18). Das *A. montanum* ist im allgemeinen eine dauerhafte Assoziation. Sein Bestandesabfall ist leicht zersetzbar.

Die für den Landschaftshaushalt wichtigen Erscheinungsformen der physiogeographischen Einzelfaktoren wurden in der Abb. 10 (S. 48) zusammengestellt. Vor allem wurden diejenigen eingetragen, die an Standorten mit anderen ökologischen Verhältnissen nicht vorhanden sind und diese somit differenzieren. Gleichzeitig wurden die hauptsächlichen Wirkungsrichtungen zwischen diesen Erscheinungsformen eingezeichnet. Daß darüber hinaus noch sehr viele andere Verbindungen vorhanden sind, ja, daß natürlich alle Erscheinungsformen in bestimmter Weise miteinander verknüpft sind, ist bekannt. Die hier eingetragenen sind daher in erster Linie wiederum jene, die den Landschaftshaushalt differenzieren.

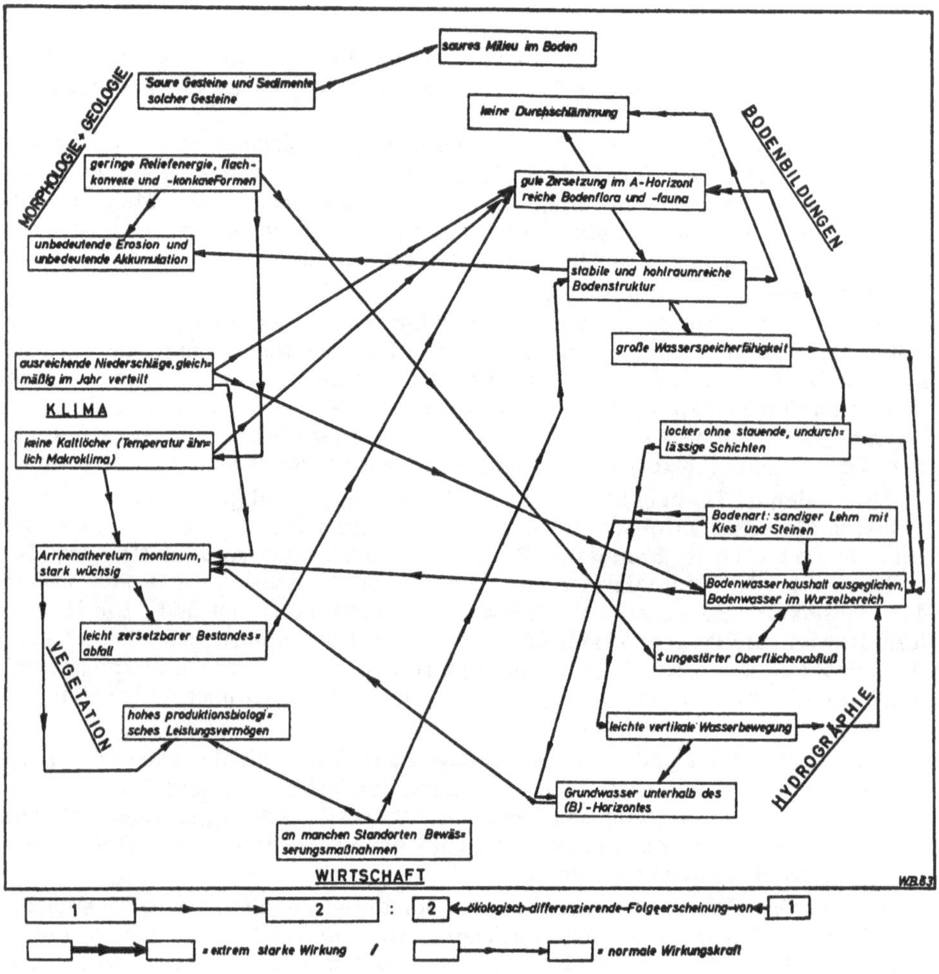

Abb. 10: Schema des Wirkungsgefüges an Standorten mit harmonischem und stabilem Landschaftshaushalt in Hottingen

Das Schema (Abb. 10) zeigt, daß an diesen Standorten vor allem die Zusammenhänge zwischen Relief, Hydrographie, Humusbildung und Vegetation von Wichtigkeit sind. Die Pfeile zwischen der Reliefenergie, dem Grund- und Bodenwasserhaushalt, der Humusbildung und dem produktiven *Arrhenatheretum montanum* sind die zentralen Verbindungslinien, an die sich die übrigen anschließen.

6.2. Verbreitung und Charakteristik von Standorten mit disharmonischem und stabilem Landschaftshaushalt

Die Karte 10 zeigt, daß Standorte mit derartigen ökologischen Verhältnissen an mehreren voneinander getrennten Flächen des Untersuchungsgebietes vorkommen. Die nähere Betrachtung zeigt, daß die Disharmonie auf verschiedenen Ursachen beruht, auf extrem starken Reliefunterschieden und auf übermäßiger Vernässung. Diese beiden Fälle werden im folgenden getrennt behandelt.

6.2.1. Reliefbedingter disharmonischer und stabiler Landschaftshaushalt

Die sehr steilen Hänge sind z. T. mit großen Blöcken von Granit oder Gneis bedeckt, mehrere Anzeichen deuten darauf hin, daß sie ihre Lage noch verändern. Der Oberhang ist meist steil konvex, der Mittel- und Unterhang steil konkav. Mancherorts sind die Blöcke durch eine sehr dünne Verwitterungs- oder Solifluktionsdecke verhüllt. Die Erosion ist erheblich, die Akkumulation ebenfalls. Die Reliefformen sind nicht stabil, daher ist eine kontinuierliche Boden-, Humus- und Vegetationsentwicklung nicht möglich, sie wird vielmehr oft unterbrochen und muß dann neu einsetzen.

Die Böden sind daher nur AC-Böden, meist dystrophe Ranker (auf Blöcken Tasca-Ranker). Von Blöcken und Steinen erodierte Teile des A-Horizontes sammeln sich zwischen den Blöcken und überdecken dann die dortige Humusschicht. Auch an Standorten mit einer Schuttdecke sind Unterbrechungen häufig. Die Humusformen sind Rohhumus, Grob- und Feinmoder.

Die große Reliefenergie bedingt rasches und oberflächliches Abfließen des Niederschlagswassers. Dort, wo eine Schuttdecke vorhanden ist, fließt es ungehindert hangabwärts. Daher findet sich zwischen den Blöcken eine feuchtere Humusbildung als auf ihnen und auf schuttbedeckten Hängen. Modifiziert werden die Verhältnisse weiter durch die Exposition der Hänge und die vorhandene Vegetation. Der üppige Pflanzenwuchs, der sich besonders an feuchteren Standorten zeigt, darf nicht über die allgemein dystrophen Zersetzungsbedingungen im A-Horizont hinwegtäuschen. Auf Grund der verschiedenen Faktorenkombinationen innerhalb dieser Standortsgruppe haben sich verschiedene Pflanzengesellschaften eingestellt. Auf blockbedeckten Hängen, die keinerlei Nutzung erlauben, stockt natürlicher Schlußwald, die schuttbedeckten Hänge tragen z. T. Grünland (mageres *A. montanum*), große Flächen werden mit Fichten aufgeforstet, sonst findet sich hier ein Buchen—Bergahorn—Tannen—Fichtenmischwald. Der Bestandesabfall ist bei all diesen Gesellschaften schwerer zersetzbar.

Auch hier wurden die für den Landschaftshaushalt wichtigen Erscheinungsformen der physiogeographischen Faktoren sowie deren hauptsächliche und differenzierende Wirkungen schematisch aufgezeichnet (Abb. 11, S. 50). Ein Überblick über das Schema zeigt, daß hier besonders die Faktoren, die von anderen wenig oder gar nicht beeinflußbar sind, größte Bedeutung haben. Es sind dies die morphologischen. Von besonderer Wichtigkeit ist also hier das Relief und die durch dieses bedingten Erscheinungen sowie deren direkte Folgen: unausgeglichener Bodenwasserhaushalt, häufige Unterbrechung von Humus- und Bodenbildung, dystrophe Zersetzungsbedingungen im Humus sowie das ausgehagerte und magere *Arrhenatheretum montanum*.

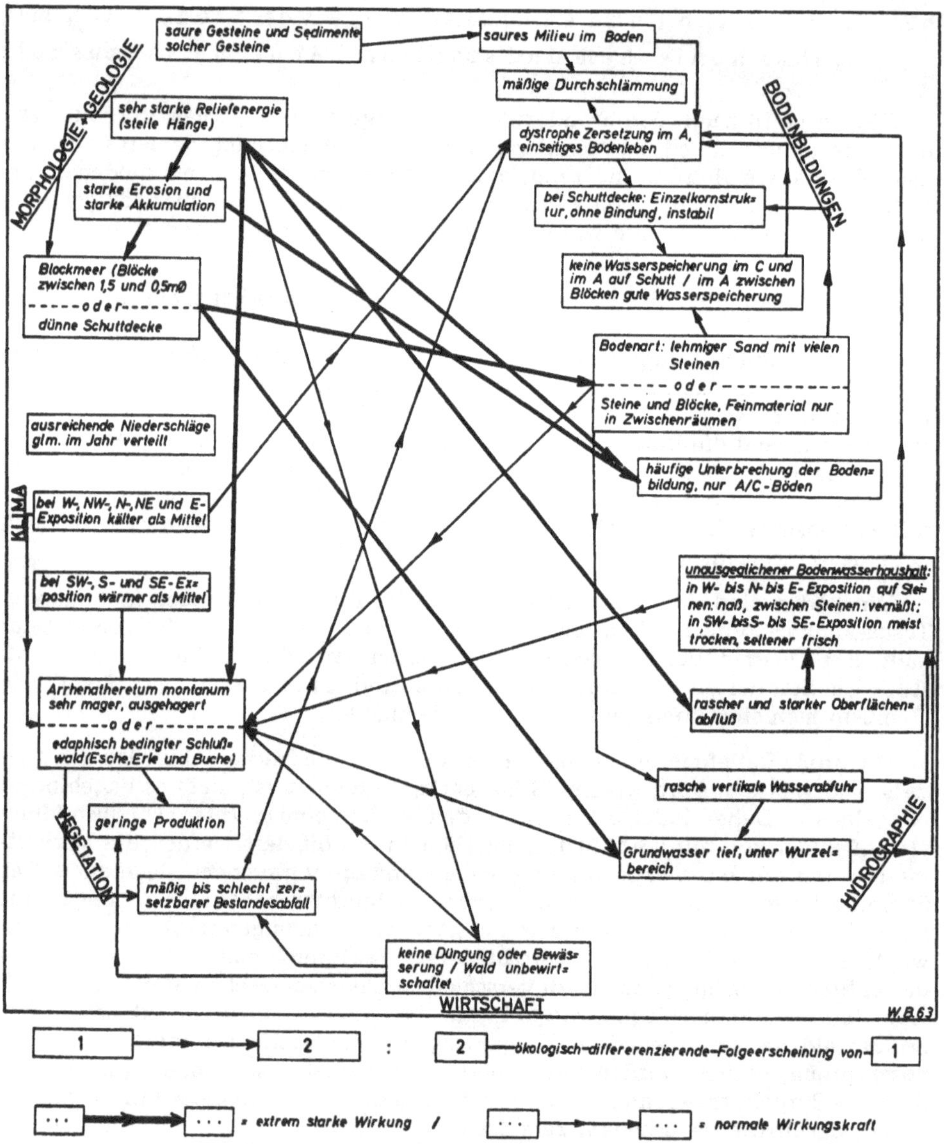

Abb. 11: Schema des Wirkungsgefüges an Standorten mit reliefbedingtem disharmonischem und stabilem Landschaftshaushalt in Hottingen

6.2.2. Durch Vernässung bedingter disharmonischer und stabiler Landschaftshaushalt

Morphologisch gesehen sind zwei Typen dieser Standorte zu unterscheiden: solche, die am schwach geneigten Rand der Talauen liegen, übergreifend auf den quelligen Fuß des nach oben anschließenden Hanges, und solche, die innerhalb der Talauen in langgestreckten Hohlformen vorkommen. Die Verbreitung dieser Standorte gibt Karte 10 wieder.

Die zu beobachtende Reliefenergie ist überall gering. Die Hohlformen in den Talauen sind flach-konkav und selten tiefer als 1 m in ihre Umgebung eingesenkt; die Standorte am Rande der Talauen sind meist fast völlig horizontal mit scharfem Knick am Hangfuß. Erosion und Akkumulation sind unbedeutend. Daher war eine kontinuierliche Boden-, Humus- und Vegetationsentwicklung möglich.

Die vorhandenen Bodentypen sind anmoorige Auböden und Torfanmoore, z. T. finden sich begrabene Humusschichten. Die Humusformen sind Anmoor und dystrophes Anmoor; feuchter Grobmoder ist äußerst selten. Verbreitet ist eine sehr starke Humusansammlung zu beobachten (bis 1,2 m Mächtigkeit). Diese Schichten sind stets wassergesättigt und in diesem Zustand als stauend zu betrachten. Das Grundwasser steht langfristig bis nahe an die Oberfläche, daher ist der Bodenwassergehalt zwar sehr ausgeglichen, doch zeigt er extreme Zustände. Wasserspeicherfähigkeit und Wasserhaltefähigkeit dieser Humushorizonte sind sehr groß.

Die Zersetzungsbedingungen im A-Horizont sind äußerst dystroph, das Bodenleben ist völlig einseitig auf dieses Milieu eingestellt, der Boden ist völlig strukturlos; starke Versauerung ist die Regel. Bedingt durch die Vernässung sind diese Standorte auch weitaus kühler als ihre Umgebung, was ebenfalls von starkem Einfluß auf die Biologie ist.

Auf Grund dieser Faktorenkombination hat sich als Pflanzengesellschaft ein *Crepido-Juncetum typicum* eingestellt. Es ist meist mager, in unmittelbarer Nähe von Gräben hat sich ein stark wüchsiger Holcus-Zustand entwickelt. Der Bestandesabfall dieser Vegetation ist schwer zersetzbar und trägt damit auch noch zur Dystrophie im A-Horizont bei. Hinzu kommt, daß die meisten an dieser Vegetation beteiligten Pflanzen nur flach wurzeln, sie haben damit zwar oberflächlich einen dichten Wurzelfilz entwickelt, der bis 5 cm Tiefe bessere Durchlüftung ermöglicht und bessere Struktur erzeugt, sie haben aber in größerer Tiefe keinen verbessernden Einfluß mehr.

Die Abb. 12 (S. 52) gibt ein Schema des Wirkungsgefüges der physiogeographischen Faktoren an diesen Standorten wieder. Es ist zu erkennen, daß vor allem die Zusammenhänge zwischen der reliefbedingten starken Vernässung und den davon abhängigen besonderen Erscheinungen der Boden- und Humusbildung für die Ökologie bedeutsam sind. Auffällig ist ferner die Konzentration starker Pfeile, d. h. extrem starker Wirkungskräfte, auf der rechten Seite des Schemas: Bodenbildungen und Hydrographie. Ausgangspunkt starker Wirkungskräfte ist der stark gehemmte Oberflächenabfluß.

6.3. Verbreitung und Charakteristik von Standorten mit harmonischem und labilem Landschaftshaushalt

Die vorliegende Faktorenkombination ähnelt jener der Standorte mit harmonischem und stabilem Landschaftshaushalt. Entscheidender Unterschied ist der, daß hier jetzt einige der physiogeographischen Einzelfaktoren leicht Änderungen in ihrem derzeitigen Zustand erleiden und daß diese Änderungen einen tiefgreifenden Wandel im Zusammenspiel aller Faktoren nach sich ziehen. Die Karte 10 zeigt die Verbreitung dieser Standorte. In den Talauen selbst finden sie sich vor allem im direkten Uferbereich der natürlichen Fließgewässer. An den Hängen und den anschließenden Hochflächen nehmen sie große Gebiete ein.

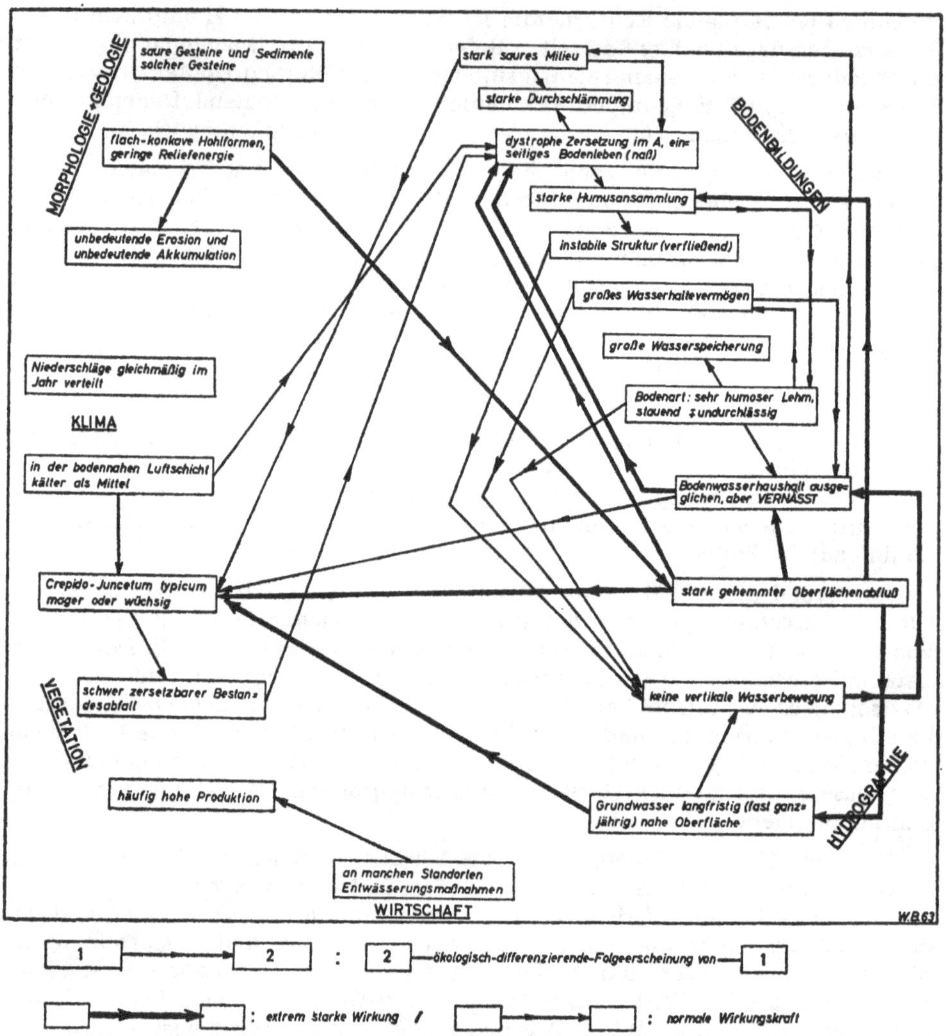

Abb. 12: Schema des Wirkungsgefüges an Standorten mit vernässungsbedingtem disharmonischem und stabilem Landschaftshaushalt

Der Uferbereich ist eben und nahezu horizontal. Erosion ist nur an der Uferwand vorhanden, die Akkumulation ist relativ groß; sie geschieht naturgemäß periodisch durch die Frühjahrshochwasser. Sie ist für den natürlichen Nährstoffhaushalt dieser Standorte von Bedeutung und erklärt auch den rohen und unentwickelten Charakter der Boden- und Humusbildung, die durch stets neue Sedimentation von organischem und anorganischem Material immer wieder unterbrochen wird. In der Humusbildung mischen sich somit terrestrische und semiterrestrische Merkmale, die Zersetzungsbedingungen sind meist recht günstig, das Bodenleben sehr vielseitig.

Die Bodenart ist relativ grob, dies hat große Auswirkungen auf den Wasserhaushalt, denn die Wasserdurchlässigkeit und die Wasserspeicherfähigkeit der

Schichten dieser Böden sind völlig anders als an anderen Standorten. Daraus ergibt sich, daß bei langdauerndem ungewöhnlich niedrigem Wasserstand, Ausbleiben der Frühjahrshochwasser oder sehr geringen Niederschlägen während eines Jahres entscheidende Veränderungen in den ökologischen Verhältnissen zu erwarten sind.

Die Vegetation, die sich auf Grund dieser Standortsbedingungen eingestellt hat, ist ein *Polygono-Scirpetum silvatici* in staudenreicher Ausbildungsform. Der vorhandene Bestandesabfall ist relativ leicht zersetzbar und trägt somit zu einer relativ günstigen Humusbildung bei.

Aus den genannten differenzierenden Erscheinungsformen der physiogeographischen Faktoren ist zu erkennen, daß hier im Uferbereich die Labilität des Landschaftshaushaltes vor allem auf die sehr große Schwankungsbreite der hydrographischen Bedingungen zurückzuführen ist. Hinzu kommt die relativ grobe Bodenart, die die Folgen der unregelmäßigen Boden-, Grund- und Oberflächenwasserverhältnisse nicht ausgleicht, sondern noch verstärkt.

(Eine entscheidende und wohl irreversible Wandlung der derzeitigen Zustände ist durch die geplante Abstauung der Murg oberhalb von Hottingen zu erwarten. Das Ausmaß dieser Änderungen und der sich neu einstellende Zustand sind später zu untersuchen.)

An den Standorten auf den flachen, die Talauen umrahmenden Hängen sind die Gründe der Labilität andere. Vor allem die grobe Bodenart (schuttreiche Solifluktionsdecke) und die instabile Bodenstruktur, die einen unausgeglichenen Bodenwasserhaushalt bedingen, sowie das Vorhandensein oder Fehlen von Wirtschaftsmaßnahmen haben großen Einfluß auf die Ökologie dieser Standorte. Die Labilität ist ferner zurückzuführen auf die durch Relief, Bodenart und Bodenstruktur bedingte Neigung zur Erosion bei Zerstörung der Vegetationsdecke.

6.4. Verbreitung und Charakteristik von Standorten mit disharmonischem und labilem Landschaftshaushalt

Die Karte 10 zeigt, daß diese Art des Landschaftshaushaltes vorwiegend als mehr oder weniger breite Umrahmungen solcher Standorte vorkommen, die disharmonischen und stabilen Landschaftshaushalt aufweisen, sowohl durch Relief als auch durch Vernässung bedingt. Die Faktorenkombination dieser Standorte ähnelt also jener in Abb. 11 und Abb. 12 (S. 50 u. 52) wiedergegebenen.

Der durch Vernässung bedingte Haushalt dieser Art ist dadurch labil gestaltet, daß durch Wirtschaftsmaßnahmen — vor allem durchspülende Bewässerung oder Entwässerung — ein stark verbessernder Einfluß auf die Humusbildung ausgeübt wird. Dadurch ist die vorliegende Humusform ein feuchter Grobmoder im Gegensatz zu dem an sich standortsgemäßen dystrophen Anmoor. Der Bodentyp ist auch hier trotzdem ein stark vernäßtes Auanmoor, teilweise mit begrabenem A-Horizont. Fehlt die Bewässerung, oder wird sie auch nur für kurze Zeit unterlassen, so stellen sich bald die an Standorten mit disharmonischem und stabilem Landschaftshaushalt vorhandenen Bedingungen wieder ein.

Standorte mit disharmonischem und labilem Landschaftshaushalt finden sich ebenfalls oft als umrahmende Streifen von Standorten mit reliefbedingtem disharmonischem und stabilem Landschaftshaushalt. Die Faktorenkombination ist wiederum eine ähnliche. Die Labilität des Haushaltes ist auch hier weitgehend auf das

Fehlen oder die Durchführung von wirtschaftlichen Pflegemaßnahmen zurückzuführen. Das auch hier noch steile Relief führt bei Zerstörung der geschlossenen Vegetationsdecke (Grünland oder auch Wald) zu Erosionserscheinungen, die die landschaftsökologischen Verhältnisse entscheidend zu ändern vermögen. Auch das Einbringen von nicht standortsgemäßer Vegetation, etwa von Fichtenreinbeständen, würde zu vollkommen anderen Verhältnissen führen, so ist z. B. rasch mit Neigung zur Podsolierung im Boden zu rechnen.

7. Anwendung der Methode der Gliederung des Landschaftshaushaltes auf ein Vergleichsgebiet

7.0. Vorbemerkungen

Die im Abschnitt 6.0. vorgelegten Unterscheidungsmerkmale des Landschaftshaushaltes und die daraus resultierenden Klassen unterschiedlicher Standorte sollen in diesem Kapitel auf einen anderen Landschaftsausschnitt angewendet werden. Dieses zweite Untersuchungsgebiet „Giersbach" befindet sich 5 km nördlich von Hottingen am Oberlauf der Murg in einer Höhe von etwa + 860 m NN (vgl. Abb. 1, S. 3). Es liegt also im mittleren Teil der montanen Stufe des Schwarzwaldes [Bartsch 1941].

Die Charakteristik der einzelnen physiogeographischen Faktoren ist in ähnlicher Weise untersucht worden wie in Hottingen. Die Art ihres Zusammenwirkens wird im folgenden beschrieben, die Grenzen von Standorten mit gleichem oder ähnlichem Landschaftshaushalt sind wiederum in einer Karte dargestellt.

7.1. Überblick über das Untersuchungsgebiet Giersbach

Die Gemarkung Giersbach befindet sich etwa 5 km nördlich der Vorwaldstörung, also im Bereich der unter- und oberkarbonischen Granite des Südschwarzwälder Granitgebietes. Den tieferen Untergrund der Talauen, der umrahmenden Hänge und der Hochflächen bildet Albtalgranit; im Westen schließen sich Gneis-Anatexite an (vgl. Karte 1). Das Grundgestein ist aber auch hier weitgehend durch Sedimente oder Verwitterungsmaterial verhüllt.

Die Talweitung von Giersbach ist von langgestreckter dreizipfliger Form, sie läuft nach N, NE und S hin spitz zu. Ihr Boden ist relativ eben, jedoch findet sich hier im Gegensatz zu Hottingen inmitten der Talsohle ein für Augebiete des Südschwarzwaldes typischer Hochmoorrest. Das Moor ist durch Torfstiche stark verkleinert worden und heute tot und verheidet (Foto 16). Eine pollenanalytische Untersuchung wurde von Lang [1954] mitgeteilt. Der Hang des Ostrandes der Talauen steigt mit konvexer Form mäßig steil an; nach S werden die Hänge rasch steiler, da hier die Murg in einer kurzen Engstrecke einen Riegel durchschneidet (vgl. Luftbild Foto 16). Gleiches gilt für den gegenüberliegenden Südteil des Westrandes der Talauen, jedoch sind hier die Hänge durchgehend bis zum nördlichen Ende der Auen weitaus steiler. Im Norden beginnt die Talweitung mit einer steilwandigen Engstrecke der Murg. Der Nordostrand ist flach ansteigend. Der Nordrand des nach NE spitz zulaufenden Zipfels der Talauen ist steil, er war der Prallhang des von NE kommenden Nebenbaches. Die umrahmenden Hänge der Talauen sind weitaus breiter und höher als in Hottingen, sie steigen von etwa + 860 m NN bis etwa + 960 m NN an; das Gelände gipfelt im Gugelberg (+ 996,2 m NN). Die anschließenden Hochflächen beginnen in größerer Entfernung von den Talauen und sind zudem stärker dekupiert als auf dem Vorwald.

Einen Überblick über die klimatischen Verhältnisse vermittelt die Tabelle 1 (S. 11). Nach der Wuchsklimakarte (ELLENBERG u. Mitarb. [1955]) befindet sich das Gebiet im Bereich des „mäßig kalten" Wintergetreide-Sommergetreide-Klimas. Die Temperaturen sind niedriger, die Niederschläge weitaus höher als in Hottingen, aber ähnlich im Jahr verteilt.

Die Vegetation in den Talauen von Giersbach ist — wie in Hottingen — von KRAUSE [1956] sehr eingehend untersucht worden. Mehrere Karten [KRAUSE 1956, S. 491, 495 u. 496] geben Auskunft über die vorkommenden Grünlandgesellschaften, deren Verbreitung und Verteilung, sowie deren Abhängigkeit von Wirtschaftsmaßnahmen, insbesondere von der Bewässerung. Dabei zeigt sich, daß magere, nasse Borstgras-Pfeifengraswiesen große Teile des Talbodens einnehmen; sie umschließen den Hochmoorrest und eine größere Fläche von ertragreicher Honiggras- und Ruchgras-Dotterblumenwiese. Letztere findet sich auch verbreitet im unteren Teil der umrahmenden Hänge. Sonst werden die Hänge, besonders auf der Ostseite, von verschiedenen Grünlandgesellschaften eingenommen, deren Ausbildung deutlich vom Wässereinfluß abhängig ist (magere Rotschwingel-Bärwurz-Bergwiese und ertragreiche Kerbel-Goldhafer-Bergwiese). In Tabelle 10 (S. 55) sind die Heuerträge einiger bewässerter und nicht bewässerter Mähwiesen in Giersbach zusammen mit den Standortsverhältnissen dargestellt.

Tabelle 10

Erträge der Mähwiesen in Giersbach

Vegetation und Standort	Ertrag*) 1. Schnitt 2. Schnitt
Meo-Festucetum (Trisetetum), wüchsig; frisch bis feucht; Braunerde, Mull; im Frühjahr kurzfristig bewässert	65,0 dz/ha 18,5 dz/ha
Meo-Festucetum (Trisetetum), frisch bis feucht; Braunerde, Mull; im Winter langfristig bewässert	70,6 dz/ha 28,0 dz/ha
Meo-Festucetum, mager; trocken bis frisch; Braunerde, mullartiger Moder; unbewässert, kleine Stufe im Oberhang	36,6 dz/ha 6,7 dz/ha
Calthion, wüchsig; feucht bis frisch; Braunerde/Brauner Auboden, mullartiger Moder; im Winter langfristig bewässert	51,1 dz/ha 22,2 dz/ha
Calthion mit Übergang zu Kleinseggen-Ges. und *Molinietum*, mager; feucht bis naß; Brauner Auboden, feuchter Grobmoder; naturfeuchter Unterhang	23,0 dz/ha n. b.
Calthion, wüchsig; feucht; Brauner Auboden, mullartiger Moder/feuchter Grobmoder; im Winter langfristig bewässert	63,8 dz/ha n. b.
Juncus acutiflorus-Calthion, wüchsig; naß bis feucht; Brauner Auboden/Gley, feuchter Grobmoder; im Winter langfristig bewässert	58,6 dz/ha n. b.

*) vgl. Fußnote bei Tabelle 4.

Wald ist im Untersuchungsgebiet nur auf den steileren Hängen am Südende der Talweitung vorhanden, dabei handelt es sich um Forste von Fichten-Tannen-Mischungen. Aufforstungen mit Fichte sind an ungünstigen Grünlandstandorten der Hänge häufig.

Die Verkehrsferne ist in Giersbach noch größer als in Hottingen, daher fehlen Industrieansiedlungen fast völlig. Dieser Teil des Hotzenwaldes ist abgesehen von zunehmendem Fremdenverkehr ein reines Agrargebiet. Grünlandwirtschaft überwiegt bei weitem. In bedeutend größerem Umfang und mit stärkerer Intensität als in Hottingen wird die künstliche Be- und Entwässerung gepflegt. Sie wird besonders in den Talauen selbst und an den unteren Hangteilen auf großen Flächen durchgeführt. Mehrere Methoden werden angewendet: anfeuchtende, durchspülende und schneeräumende Bewässerung; gerade die schneeräumende Bewässerung ist in diesen schneereichen Hochlagen von Bedeutung. Sie erfordert aber große Sorgfalt in der Anwendung, so daß sie heute nur auf wenige Flächen beschränkt ist; Krause [1954] hat gerade ihre Bedeutung herausgestellt. Anfeuchtende Bewässerung ist auch heute noch in Giersbach weit verbreitet. In Betrieben, wo die Bewässerung eingestellt wurde, ist häufig das Grabensystem, das zugeschüttet worden war, wieder geöffnet worden, da die sofort eintretenden erheblichen Ertragsausfälle auch durch künstliche Düngung nicht auszugleichen waren. Durchspülende Bewässerung ist vor allem auf den abgetorften Flächen beim Hochmoorrest zu finden. Gerade hier ist die Einstellung des Wässerns mit hohen Ertragsausfällen verbunden (11 : 8 Fuder Heu). Entwässerung ist an Quellfluren und Mulden häufig. Krause [1956] gibt eine Karte der Bewässerungssysteme und zeigt den derzeitigen Umfang von Bewässerungsmaßnahmen in Giersbach.

In den Talauen von Giersbach werden die hydrographischen Verhältnisse — anders als in Hottingen — mit etwa gleicher Einflußkraft von der Murg, dem wasserreichen Nebenbach und den zahlreichen Quellfluren bestimmt. Ein unbedeutenderer Nebenbach erreicht die Talauen noch von Westen. Die Murg tritt in die Talweitung von Norden kommend nach einer kurzen Engstrecke ein; sie fließt am Westrande der Auen entlang und bildet hier mehrfach einen Prallhang aus (vgl. Luftbild Foto 15). Ihr Wasser wird schon bald zum großen Teil in Gräben abgeleitet und dient vor allem in den tieferen Teilen der Auen zur durchspülenden Bewässerung der vernäßten Standorte nahe dem Hochmoorrest. Am Südende der Talauen erst nimmt sie das Wasser des Nebenbaches auf. Dieser von NE kommende wasserreiche Nebenbach tritt mit einer kleinen Stufe in die Talauen ein. Er hat einen deutlichen Prallhang entwickelt (Foto 17). Heute wird sein Wasser z. T. am oberen Rande dieses Hanges entlanggeführt und dient dann zur Bewässerung des nördlichen Teiles der Auen, z. T. wird es auch in zwei größere Zuleiter am Osthang geführt und südlich davon ebenfalls zur Wässerung benutzt.

Verbreitet finden sich nahe dem Hangfuß oder in steil-konvexen Einbuchtungen der Hänge starke Quellfluren.

Zur Kenntnis der Grundwasserverhältnisse liegen in Giersbach keine langfristigen Beobachtungen vor. Ein Überblick war bei mehrfachen Begehungen zu verschiedenen Jahreszeiten aus Bodenaufnahmen und aus Beobachtungen von Grabenfüllungen zu gewinnen. In den Talauen selbst steht das Grundwasser fast überall ganzjährig recht hoch an. Auf den abgetorften Flächen nahe dem Hochmoorrest befindet es sich stets nahe unter der Oberfläche; diese Standorte sind dauernd stagnierend vernäßt. Durchspülende Bewässerung vermag die ungünstigen Wirkungen stagnierender Vernässung hier weitgehend zu mildern. Die zahlreichen Quellfluren sind ebenfalls, aber „durchfließend" vernäßt. In den unteren Partien der umrahmenden Hänge steht das Grundwasser etwas tiefer (etwa 20 cm unter Flur); es zeigt auch hier offenbar nur geringe Schwankungen während des Jahres. Auf den höheren Teilen der Hänge wird das Grundwasser etwas tiefer erreicht, jedoch stets noch in pflanzenerreichbarer Tiefe. Unmittelbar unterhalb der Straße am Osthang wurde es zu mehreren Jahreszeiten in etwa 50—60 cm Tiefe beobachtet, wobei diese Standorte immerhin rund 10 m höher als die Talsohle liegen.

Der Wechsel in den Bodenbildungen geschieht in Giersbach weniger kleinräumig als in Hottingen. Als Bodenart finden sich sowohl auf dem Talboden wie auch auf den umrahmenden Hängen tiefgründiger sandiger Lehm oder lehmiger Sand; auf den abgetorften Hochmoorflächen ist er naturgemäß stark humos. Schotter und Steine fehlen weitgehend oder werden erst in größerer Tiefe erreicht. Eine Ausnahme bilden die Quellmulden; in ihnen ist das Feinerdematerial weitgehend entfernt worden, Steine und große Blöcke durchsetzen den Boden. Auf den abgetorften Hochmoorflächen ist als Bodentyp ein sehr tiefgründiges Torfanmoor vorhanden, es geht z. T. mit wenig scharfer Grenze in Auanmoor über. Dieses umschließt die Torfanmoorfläche und greift zu beiden Seiten der Murg und des Nebenbaches in Zungen nach N, NE und S vor. Am Osthang schließt sich ein schmaler Streifen von Übergangsbildungen zum Gley an, desgleichen vor dem Fuß des Westhanges. Darüber hinaus nehmen Gleye eine große Fläche oberhalb des Hochmoorrestes zwischen der Murg und dem Nebenbach ein. Am Fuß der umrahmenden Hänge geht der Gley in Braunen Auboden über; dieser setzt sich auch noch etwas hangaufwärts fort. An ihn schließen sich bald mehr oder weniger tiefgründige und je nach Stärke der Hangneigung eutrophe bis oligotrophe Braunerden an. Braunerden nehmen auch die Hochflächen ein; nur in vernäßten Mulden findet sich Hanganmoor.

Bei den Torfanmooren ist als Humusform im allgemeinen ein dystrophes Anmoor zu beobachten, nur dort, wo die durchspülende Bewässerung intensiv und regelmäßig durchgeführt wird, sind die Verhältnisse weniger dystroph; hier findet sich oft in der obersten Humusschicht feuchter Grobmoder. Das Anmoor bzw. das dystrophe Anmoor greift über die Grenzen des Torfanmoores hinweg und findet sich — besonders an quelligen Standorten — auch noch auf den umgebenden Auanmooren. Dort, wo die Standortsverhältnisse feucht bis naß sind, ist anmooriger Grobmoder zu beobachten, dieser greift über die Grenzen des Gley zum Braunen Auboden hinweg; an Gley-Standorten, die nur wenig naß, mehr feucht bis frisch sind, stellt sich mullartiger Moder ein, der vor allem bei Braunem Auboden verbreitet vorkommt. Die frischen Standorte mit Braunem Auboden und Braunerde zeigen Mull als Humusform, teilweise in feuchter Ausbildung. Auf den frischen bis leicht trockenen Standorten an steileren Hangpartien und auf den Hochflächen ist neben Mull und mullartigem Moder häufig auch Grobmoder in trockener Ausbildungsform zu erkennen. Dies gilt besonders für die oligotrophen Braunerden an den Steilhängen am Südende der Talweitung von Giersbach.

7.2. Landschaftshaushalt in Giersbach

7.2.0. Methodische Vorbemerkungen

Grundlage einer Gliederung des Landschaftshaushaltes nach den in Abschnitt 6.0 vorgelegten Grundsätzen ist die Kenntnis der Charakteristik der einzelnen physiogeographischen Faktoren. Erst dann kann ihr Verhalten in der Faktorenkombination ermittelt werden, und erst dann können Standorte mit verschiedenen ökologischen Verhältnissen gegeneinander abgegrenzt werden.

Eine solche ausführliche Untersuchung ist in den Kapiteln 1 bis 6 für das Gebiet der Gemarkung Hottingen vorgelegt worden. Hier wird nun versucht, in einem Gebiet, das nach seiner allgemeinen physiogeographischen Situation dem oben genannten ähnlich ist, ebenfalls eine landschaftsökologische Analyse vorzunehmen.

Im Untersuchungsgebiet Giersbach wurden wiederum einige spezielle Aufnahmen zu den physiogeographischen Einzelfaktoren vorgenommen. Einen Überblick der Einzelergebnisse gab der Abschnitt 7.1. Die Untersuchungen befaßten sich vor allem mit den Boden- und Humusbildungen des Untersuchungsgebietes, wobei zur Charakterisierung wieder zahlreiche Proben mikromorphologisch untersucht wurden. Zur Kenntnis der geomorphologischen Verhältnisse konnten neben den terrestrischen Aufnahmen wieder stereoskopische Luftbilder ausgewertet werden. Von großem Wert waren auch hier wieder die Vegetationsaufnahmen von Krause ([1956] sowie frdl. mündl. u. schriftl. Mitteilungen). Die Grund- und Bodenwasserverhältnisse wurden bei mehreren Begehungen in den Jahren 1960 bis 1962 zu verschiedenen Jahreszeiten beobachtet.

Bei den Untersuchungen in Giersbach zeigte sich bald, daß bestimmte, schon im Untersuchungsgebiet Hottingen erkannte direkte Beziehungen und Abhängigkeiten zwischen den Erscheinungsformen einzelner Faktoren auch hier wieder zu erkennen waren. Das ermöglichte die Beschränkung auf punktförmige Aufnahmen an ausgewählten Standorten des neuen Untersuchungsgebietes. Abgesehen von den morphologichen Beobachtungen und den Vegetationsaufnahmen, die flächenhaft durchgeführt wurden, bzw. schon flächenhaft vorlagen, brauchten also die Grund- und Bodenwasseraufnahmen sowie die Bodenuntersuchungen nur so angelegt zu werden, daß insbesondere wichtige Grenzlinien bekannt wurden.

Diese Vergleichsuntersuchung zeigt somit deutlich, daß es nach genauer Untersuchung der Standortsverhältnisse in einem ausgewählten Landschaftsausschnitt möglich ist, mit erheblich geringerem Aufwand die erkannten Klassen von Standorten mit bestimmten ökologischen Verhältnissen in einem neuen Gebiet wieder aufzufinden. Vorausgesetzt ist eine ähnliche allgemeine physiogeographische Situation.

7.2.1. Charakteristik des Landschaftshaushaltes in Giersbach

Auch für das Untersuchungsgebiet Giersbach wurde eine Karte des Landschaftshaushaltes entworfen (vgl. Karte 11). Sie zeigt, daß auch in diesem gegenüber Hottingen flächenmäßig kleineren Gebiet alle vier Klassen des Landschaftshaushaltes vorkommen (vgl. dazu die Definitionen in Abschnitt 6.0).

Die Standorte mit harmonischem und stabilem Landschaftshaushalt sind auch in Giersbach auf den Hochflächen rund um die Talweitung weit verbreitet; im Osten erreichen sie noch den Rand der Karte, im Westen beginnen sie erst in größerer Entfernung von den Talauen, so daß sie außerhalb des Kartenbildes liegen. Die Standortsverhältnisse sind ähnlich wie in Hottingen: Das Relief ist ausgeglichen; Erosion und Akkumulation fehlen fast vollständig, daher konnte eine kontinuierliche Boden- und Humusentwicklung stattfinden. Der Bodentyp ist Braunerde, die Humusform Mull oder mullartiger Moder, Moder ist seltener. Die Vegetation liefert einen leicht zersetzbaren Bestandesabfall und zeigt keine bodenverschlechternden Eigenschaften.

Anders als in Hottingen greifen aber in Giersbach die Standorte mit harmonischem und stabilem Landschaftshaushalt auch auf die umrahmenden Hänge über. Dies gilt in erster Linie für den östlichen Hang (vgl. Karte 11). Östlich der N—S verlaufenden Straße ist er noch relativ schwach geneigt, unterhalb der Straße aber ist er bedeutend steiler. Solche Hangpartien waren in Hottingen nicht mehr in diese Klasse des Landschaftshaushaltes einzuordnen, da dort der Faktor Relief bereits großen Einfluß nehmen konnte. Er bedingte vor allem große Trockenheit, Neigung zu humussaurer Durchschlämmung im Boden, verstärkt durch den schwer zersetzbaren Bestandesabfall der Vegetation. Hier in Giersbach aber werden an diesen nach Exposition und Neigung gleichartigen Hangstandorten solche Wirkungen durch künstliche Bewässerung beseitigt. Die Bewässerung — in welcher Form auch immer — verhindert eine größere Trockenheit nicht nur während der direkten periodischen Befeuchtungen, sondern offenbar auch dann, wenn nicht gewässert wird; offensichtlich haben die größeren Zuleitergräben an sich schon einen nachhaltig ausgleichenden Einfluß auf den Bodenwasserhaushalt in ihrer Umgebung. So kann sich eine Vegetation einstellen, die nicht nur wirtschaftlich günstiger ist als jene in Hottingen, sondern die auch einen besser zersetzbaren Bestandesabfall liefert. Daher finden wir als Humusform Mull oder mullartigen Moder, Moder ist selten; der Bodentyp ist daher auch eine durchaus eutrophe Braunerde, die keine Durchschlämmung erkennen läßt und stabile Struktur besitzt. Unter der Voraussetzung, daß die größeren Zuleiter erhalten bleiben, scheint auch die Einstellung oder unregelmäßige Durchführung der Bewässerungsmaßnahmen hier noch keine übermäßig verändernde Wirkung auf die ökologischen Verhältnisse zu haben. Daher können in Giersbach auch diese Hangpartien noch in die Klasse der Standorte mit harmonischem und stabilem Landschaftshaushalt eingeordnet werden.

Allgemein gilt für diese Standorte das in Abb. 10 (S. 48) gegebene Schema des Wirkungsgefüges der physiogeographischen Faktoren. Ein *Arrhenatheretum montanum* ist naturgemäß in Giersbach nicht mehr entwickelt.

In den Talauen der Murg selbst fehlen in Giersbach Flächen mit harmonischem und stabilem Landschaftshaushalt völlig, denn hier ist im Gegensatz zu Hottingen kein Standort entscheidend über das allgemeine Niveau erhoben, so daß überall das Grund- und Bodenwasser einen sehr stark überwiegenden Einfluß hat.

Alle Standorte in den Talauen sind sehr stark durch den Wasserhaushalt im Boden bestimmt. Auf großen Flächen ist daher der Landschaftshaushalt als vernässungsbedingt disharmonisch und stabil zu bezeichnen. Hier ähnelt die Faktorenkombination weitgehend derjenigen, die an vernäßten Mulden und Quellfluren in Hottingen vorhanden ist. Das Relief ist sehr ausgeglichen; das Grundwasser steht überall stagnierend oder nur schwach fließend ganzjährig nahe unter der Oberfläche, langfristig sind die Böden auch überstaut. Der starke Einfluß des Faktors Wasser im Boden beeinflußt die gesamten Verhältnisse entscheidend; er drückt sich zunächst sehr augenfällig in der Vegetation aus (magere nasse Borstgras-Pfeifengraswiese, nach Krause [1956]); er zeigt sich naturgemäß auch deutlich in der sehr einseitigen Boden- und Humusbildung: Abgesehen von dem kleineren Hochmoorrest finden sich an diesen Standorten Torfanmoorbildungen mit sehr dystrophem Anmoor als Humusform; die Mächtigkeit der Humusansammlung ist recht beträchtlich, sie erreicht — wie in Hottingen — durchaus 1,0 bis 1,2 m. Die Zersetzungsbedingungen sind im Oberboden sehr ungünstig; dies ist bedingt durch den stets hohen Grundwasserstand, wird verstärkt durch den schwer zersetzlichen Bestandesabfall der Vegetation und noch vermehrt durch das infolge der Vernässung sehr kühle Klima der bodennahen Luftschicht.

Ein derartiger vernässungsbedingter disharmonischer und stabiler Landschaftshaushalt findet sich außer an den eben beschriebenen Standorten in der Mitte der

Talauen auch in einer ovalen Fläche im Norden der Talweitung. Für alle gilt das in Abb. 12 (S. 52) gegebene Schema des Wirkungsgefüges der physiogeographischen Einzelfaktoren.

Ähnliche Standorte sind auch in einer Einbuchtung des östlichen und des westlichen Hanges zu beobachten (Karte 11). Hier handelt es sich um zwei morphologisch deutlich ausgeprägte Quellmulden, die tief in die Hänge eingreifen. In der Mulde im Osthang steht das Bodenwasser zwar auch stets bis nahe an die Oberfläche oder überstaut diese, es fließt aber sehr rasch. Seine starke erodierende Wirkung zeigt sich am Fehlen von Feinmaterial am unteren Hang und am Grund der Mulde; nur in Lücken zwischen großen Steinen und Blöcken hat sich feineres Bodenmaterial erhalten. Oft fehlt ein A-Horizont völlig, größere Humusansammlungen sind nirgends erkennbar. Der Grund der Mulde ist eben, die Hänge sind sehr steil. Bis etwa zur halben Hanghöhe treten noch starke Quellen aus, deren Wasser rasch unter einer dichten Vegetationsdecke zwischen großen Steinen an den Grund der Mulde rieselt. In der oberen Hälfte der Hänge sind Quellen seltener. Hier würden ohne künstliche Bewässerung recht trockene Standortsverhältnisse herrschen.

In der Quellmulde im Westhang der Talweitung sind die Abflußverhältnisse für das Quellwasser so ungünstig, daß verbreitet eine stagnierende Vernässung auftritt; daher sind stärkere Humusansammlungen häufig, die Humusform ist dann ein dystrophes Anmoor. Nur dort, wo durch rascher fließendes Wasser eine natürliche durchspülende Bewässerung stattfindet, ist eine günstigere Humusbildung vorhanden, mächtigere Humusansammlungen fehlen dann. Die Hänge dieser Mulde sind weniger steil, ihnen fehlen Quellen weitgehend.

Aus der Beschreibung der Standortsbedingungen wird deutlich, daß in beiden Quellmulden vernässungsbedingter und reliefbedingter disharmonischer und stabiler Landschaftshaushalt direkt aneinander grenzen. Ersterer findet sich am Grund der Mulden und an unteren Hangrändern, letzterer auf den oberen Hangpartien. Die Übergangszone zwischen beiden ist verschieden breit: Sie ist schmal in der westlichen Quellmulde, wo die Quellen auf den Grund beschränkt sind, breit in der östlichen, wo die Quellen noch am unteren Hangteil häufig sind. Die Vegetation läßt diese Grenzen nur undeutlich erkennen, da sie durch Bewässerungsmaßnahmen stark beeinflußt ist. Die Schemata der Abb. 11 und 12 (S. 50 u. 52) lassen sich hier nur bedingt anwenden.

Standorte mit reliefbedingtem disharmonischem und stabilem Landschaftshaushalt finden sich auch noch an zwei schmalen Streifen im N und NE der Talweitung (vgl. Karte 11). Es sind dies die Prallhänge der Murg und des von NE kommenden Nebenbaches. Beide sind sehr steil, setzen mit scharfem Knick am Rand der Talsohle an und gehen mit deutlicher Kante in die anschließenden, schwächer geneigten Oberhänge über. Die Böden sind flachgründige A/C-Böden, die Bodenart ist grob (Sand mit vielen Steinen), also sehr durchlässig und zu Trockenheit führend. Letzteres gilt besonders für den Prallhang des Nebenbaches, der nach S exponiert ist. Der Bodenwasserhaushalt ist überall sehr unausgeglichen. Die Humusform ist Moder, z. T. Grobmoder. Als Vegetation hat sich eine magere Rotschwingel-Bärwurz-Bergwiese eingestellt, die aber verbreitet durch Bewässerung in eine ertragreichere Kerbel-Goldhafer-Bergwiese umgewandelt wurde. Diese Standorte ähneln weitgehend denen am Westhang der Äußeren und Inneren Murgmatt in Hottingen (vgl. Karte 10). Das Wirkungsgefüge der physiogeographischen Faktoren ist aus dem Schema in Abb. 11 (S. 50) zu entnehmen, wobei zu berücksichtigen ist, daß an diesen Standorten in Giersbach Wald fehlt und daß sie nach S bzw. SE exponiert sind.

Die Standorte mit harmonischem und labilem Landschaftshaushalt umrahmen die Murgauen fast vollständig. Das Wirkungsgefüge der physiogeographischen Einzelfaktoren ist hier ähnlich wie an Standorten mit harmonischem und stabilem Landschaftshaushalt, jedoch kann jetzt das derzeit vorhandene Gleichgewicht der wirkenden Kräfte leicht durch Änderungen an der Wirkungskraft eines oder weniger Faktoren gestört werden.

Westlich der Murg finden sich Standorte mit diesen ökologischen Verhältnissen auf dem zunächst mäßig steil, dann schwächer ansteigenden Hang. Erosion und Akkumulation sind schwach, so daß eine kontinuierliche Boden- und Humusentwicklung stattfinden konnte. Der Bodentyp ist eine Braunerde, die Humusform mullartiger Moder, verbreitet aber auch Moder; die Bodenart ist relativ grob, der Boden somit recht durchlässig, stauende Schichten fehlen. Diese Standorte tragen zumeist Wald (Fichten und Tannen), der vorspringende Teil beiderseits des E—W verlaufenden Weges trägt Grünland (vgl. Foto 16). Die Labilität der ökologischen Verhältnisse beruht vorwiegend darauf, daß diese Standorte infolge grober Bodenart, tiefstehenden Grundwassers und raschen Abflusses zu Trockenheit neigen. Diese wird z. T. gemildert durch Waldbedeckung, sie wird z. T. aber auch durch künstliche Bewässerung vermieden. Letzteres ist gut aus der Vegetationskarte von Krause [1956, S. 491] erkennbar, die hier für bewässerte Partien ertragreiche Kerbel-Goldhaferwiese zeigt, für nicht bewässerte aber magere Rotschwingel-Bärwurz-Bergwiese angibt. Infolge der groben Bodenart und der relativ instabilen Bodenstruktur besteht zudem bei Zerstörung der geschlossenen Vegetationsdecke auch die Gefahr stärkerer Erosion. Unter bestimmter Vegetation (z. B. älteren Fichtenreinbeständen) ist außerdem auch die Neigung zu Grobmoderbildung und humussaurer Durchschlämmung im Boden zu beobachten.

Standorte mit harmonischem und labilem Landschaftshaushalt finden sich auch noch in einem wechselnd breiten Streifen am Ostrande der Talauen, z. T. auf diese übergreifend. Die unteren Partien der Hänge sind nur mäßig steil, die Flächen zu beiden Seiten des NE-Nebenbaches sind nahezu eben. Als Bodentypen finden sich Braune Auböden (am Hangfuß), Übergänge zu Gleyböden (in der Talsohle); die Humusform ist mullartiger Moder, er geht mit zunehmender Feuchtigkeit in feuchten Grobmoder und Anmoor über. Als Bodenart herrschen sandiger Lehm oder lehmiger Sand vor, Linsen mit gröberem Material und stauende Schichten sind häufig. Das Grundwasser steht langfristig relativ hoch, die Böden sind feucht bis naß.

Der derzeitige harmonische und labile Landschaftshaushalt erhält sich vor allem dadurch, daß die durchaus vorhandene Gefahr der zunehmenden Vernässung durch eine mehr oder weniger intensiv geübte künstliche Be- und Entwässerung beseitigt wird. Anders also als an den früher beschriebenen Standorten ist hier bei Einstellung der Bewässerungsmaßnahmen mit einer deutlichen Wandlung der ökologischen Verhältnisse zu rechnen.

Standorte mit disharmonischem und labilem Landschaftshaushalt finden sich auf großen zusammenhängenden Flächen innerhalb der Talauen und auf einem schmalen Streifen am oberen Rand der Quellmulde im östlichen Talhang. Abgesehen von diesem Streifen ist all diesen Standorten ein starkes Überwiegen des Faktors Boden- und Grundwasser gemeinsam. Die allgemeinen Verhältnisse ähneln denen an Standorten mit disharmonischem und stabilem Landschaftshaushalt. Der Bodentyp ist Torfanmoor (auf den abgetorften Hochmoorflächen),

Auanmoor und Gley (in den übrigen Teilen der Talsohle), die Humusform aber ist hier Anmoor.

Wie schon an ähnlichen Standorten in Hottingen wird auch hier eine Veränderung des Landschaftshaushaltes vor allem durch eine intensive durchspülende Bewässerung oder durch eine Erleichterung des Oberflächenabflusses erreicht. Dadurch werden die stark hemmenden Wirkungen einer stagnierenden Vernässung z. T. aufgehoben. Dies drückt sich besonders augenfällig in der Vegetation aus: Auf großen Flächen findet sich statt einer mageren und nassen Borstgras-Pfeifengraswiese eine ertragreiche Honiggras-Dotterblumenwiese. Zudem wird durch solche Maßnahmen auch eine weniger dystrophe Humusbildung mit erheblich günstigeren Zersetzungsbedingungen erreicht: Der obere Teil des A-Horizontes läßt Anmoor, an besonders begünstigten Standorten auch anmoorigen Grobmoder erkennen. Wird die durchspülende Bewässerung eingestellt (auch kurzfristig) oder verschlechtern sich die natürlichen Abflußverhältnisse, so stellen sich rasch wieder die früheren ökologischen Verhältnisse ein; diese sind dann disharmonisch und stabil.

In dem schmalen Streifen oberhalb der Quellmulde im Osthang ist nicht das Bodenwasser der herrschende Faktor, sondern das steile Relief. Hier werden dessen starke Wirkungen (vor allem große Trockenheit) ebenfalls durch künstliche Bewässerung gemildert.

8. Zusammenfassung

In der vorliegenden Arbeit wird versucht, Standorte mit bestimmtem Landschaftshaushalt, d. h. mit Faktorenkombinationen von ganz bestimmtem Aufbau zu unterscheiden, gegeneinander abzugrenzen und ihre flächenmäßige Verbreitung zu kartieren. Die dazu notwendige Klassifizierung des Landschaftshaushaltes darf nicht auf der isolierten Bewertung des Erfolges von irgendeinem Einzelfaktor im Gesamthaushalt aufgebaut werden. Vielmehr sind alle Faktoren gemeinsam im Hinblick auf ihr aktives und passives Verhalten im Rahmen der Faktorenkombination zu bewerten. Erst dann sind die Unterschiede im funktionalen Zusammenspiel aller Faktoren die Grundlage der Klassifizierung.

Unter diesem Gesichtspunkt werden vier Unterscheidungsmerkmale des Landschaftshaushaltes definiert: 1. das Kräfteverhältnis, 2. das Wirkungsverhältnis zwischen den physiogeographischen Faktoren, 3. der Aufbau des Wirkungsgefüges, 4. die Stabilität des Wirkungsgefüges zwischen den physiogeographischen Faktoren. Auf der Grundlage dieser Unterscheidungsmerkmale werden dann vier Klassen des Landschaftshaushaltes definiert. Sie sind so gewählt, daß sie sich in beliebiger Weise weiter unterteilen lassen. Sie werden bezeichnet als: 1. harmonischer und stabiler, 2. harmonischer und labiler Landschaftshaushalt; als 3. disharmonischer und stabiler, 4. disharmonischer und labiler Landschaftshaushalt.

An zwei getrennten Untersuchungsgebieten wurden die Grenzen dieser Klassen des Landschaftshaushaltes bestimmt und Karten des Landschaftshaushaltes entworfen. Beide Gebiete befinden sich im Südschwarzwald, das eine, Hottingen, am Mittellauf der Hauensteiner Murg, das andere, Giersbach, an deren Oberlauf.

Voraussetzung für eine Beurteilung des Landschaftshaushaltes in einem Gebiet ist die genaue Kenntnis aller wirksamen physiogeographischen Faktoren. Eine besonders ins Einzelne gehende Untersuchung wurde im Untersuchungsgebiet Hottingen durchgeführt.

Das Untersuchungsgebiet Hottingen ist morphologisch gegliedert in die Talauen der Murg, die umrahmenden Hänge und die anschließenden relativ wenig dekupierten Hochflächen. Der Untergrund besteht aus Gneisen und Granit, Buntsandstein ist selten. Das Klima ist subozeanisch. Die Grünlandvegetation ist von Krause sehr genau untersucht worden; es finden sich vor allem verschiedene Formen des *Arrhenatheretum montanum* und des *Crepido-Juncetum typicum*. Als Wald ist edaphisch bedingter Schlußwald von Erlen und Eschen, sowie Buchen-Bergahorn- Fichten- und Tannen-Mischwald zu beobachten. Der größte Teil der landwirtschaftlichen Nutzfläche wird für Futterbau als Wiesen und Weiden benutzt. Wichtigste und meist einzige ertragsverbessernde Maßnahme ist die künstliche Be- und Entwässerung. Ihr kommt sehr große Bedeutung zu. Die hydrologischen Verhältnisse werden von der Murg und ihren Zuflüssen bestimmt. Die Grundwasserverhältnisse sind durch langfristige Messungen an 14 Meßstellen bekannt. Sie geben Werte für die Talauen und die umrahmenden Hänge, wobei stark vernäßte, nasse, wechselnasse, frische bis feuchte sowie trockene Standorte erfaßt werden. Die Bodenbildungen, Bodenarten, Bodentypen und vor allem Humusformen wurden besonders untersucht. Dabei wurde insbesondere die mikromorphologische Bodenuntersuchung anhand von Bodendünnschliffen angewandt. Als Bodentypen finden sich Braunerden, Braune Auböden und verbraunte Gleye sowie anmoorige Auböden und Torfanmoore; als Humusformen sind Mull, mullartiger Moder, verschiedene Modervarianten und vor allem Anmoorvarianten zu beobachten.

Aus der Kenntnis der physiogeographischen Einzelfaktoren heraus wurden dann nach der oben angeführten Methodik die Standorte mit gleichem oder ähnlichem Landschaftshaushalt bestimmt und kartenmäßig dargestellt.

Das Untersuchungsgebiet Giersbach zeigt ähnliche allgemeine physiogeographische Verhältnisse wie Hottingen. Sie sind nur abgewandelt infolge der anderen Höhenlage von Giersbach (+ 860 m NN gegenüber + 680 m NN Hottingen). Auch das Untersuchungsgebiet Giersbach ist morphologisch gegliedert in die Talauen der Murg, die umrahmenden Hänge und die anschließenden, hier aber mehr dekupierten Hochflächen. Der Untergrund ist Granit. Die Niederschläge sind in Giersbach höher, die mittleren Temperaturen niedriger als in Hottingen. Die hydrologischen Verhältnisse werden ebenfalls durch die Murg und ihre Zuflüsse bestimmt. Bodenarten, Bodentypen und Humusformen sind ähnlich wie in Hottingen, jedoch zeigen sie kein so kompliziertes Ineinandergreifen wie dort. Auch in Giersbach ist die künstliche Bewässerung ein sehr wichtiger wirtschaftlicher Faktor.

Auch für Giersbach wurde auf Grund der angeführten Methodik eine Karte der Landschaftsökologie gezeichnet. Dabei konnte gezeigt werden, daß — bei allgemein ähnlichen physiogeographischen Verhältnissen — ausgehend von einem eingehend untersuchten Gebiet der Landschaftshaushalt anderer Standorte mit geringerem Aufwand in gleicher Exaktheit bestimmt werden kann.

Literaturverzeichnis

AICHINGER, E. [1937]: Die Waldverhältnisse Südbadens. Eine pflanzensoziologische Studie. Karlsruhe 1937.

ALTEMÜLLER, H.-J. [1962]: Verbesserungen der Einbettungs- und Schleiftechnik bei der Herstellung von Bodendünnschliffen mit VESTOPAL. Weinheim 1962. (Z. Pfl. Ern., Düng., Bodenkde. Bd 99, S. 164—177.)

BARTSCH, J. [1940]: Vegetationskunde des Schwarzwaldes. Jena 1940.

BARTSCH, J. [1941]: Pflanzengesellschaften und Vegetationsstufen im Schwarzwald. 1941. (Botan. Jahrb., Bd 72, S. 131—150.)

BOBECK, H. und J. SCHMITHÜSEN [1949]: Die Landschaft im logischen System der Geographie. Bonn 1949.(Erdkunde, Bd III, S. 112—120.)

BORCHERT, G. [1962]: Besprechung von: NEEF, E., G. SCHMIDT und M. LAUCKNER: Landschaftsökologische Untersuchungen an verschiedenen Physiotopen in Nordwestsachsen. Bonn 1962. (Erdkunde, Bd XVI, S. 321—322.)

BRUNNER, F. [1962]: Die Bewirtschaftung von Wiesen und Weiden. Stuttgart 1962.

BUSSE, W. [1947]: Das Klima des südlichen Schwarzwaldes und der Baar. 1947. (Wiss. Arb. Dt. Metereol. Dienstes im Französ. Bes. Geb., 1.)

DEECKE, W. [1932]: Geologie des Hotzenwaldes im Abriß. Freiburg/Br. 1932. (Jahresh. Bad. Heimat, H. 19, Freiburg/Br.)

ELLENBERG, H. und O. ZELLER [1950]: Wiesengesellschaften als Zeiger für den Boden und für Möglichkeiten der Ertragssteigerung. Stuttgart 1950. (Merkbl. Landw. Zentrald., Stuttgart-Hohenheim.)

ELLENBERG, H. [(1952]: Wiesen und Weiden und ihre standörtliche Bewertung. Ludwigsburg 1952. (Landwirtschaftl. Pflanzensoziologie, Bd II.)

ELLENBERG, H. [1954]: Naturgemäße Anbauplanung, Melioration und Landespflege. Ludwigsburg 1954. (Landwirtschaftl. Pflanzensoziologie, Bd III.)

ELLENBERG, H. [1958]: Über die Beziehungen zwischen Pflanzengesellschaften, Standort, Bodenprofil und Bodentyp. Stolzenau/Weser 1958. (Angew. Pfl. Soziol., H. 15, S. 14—18.)

ELLENBERG, H. und Mitarbeiter [1955]: Wuchsklimakarte von Baden-Württemberg 1:200 000. Stuttgart 1955.

ENDRISS, G. [1952]: Die künstliche Bewässerung des Schwarzwaldes und angrenzender Gebiete. Freiburg/Br. 1952. (Ber. Naturf. Ges. Freiburg/Br., Bd 42, S. 77—114.)

ENDRISS, G. [1955]: Oberbadische Dorfuntersuchungen. Freiburg/Br. 1955. (Ber. Naturf. Ges. Freiburg/Br., Bd 45, S. 65—122.)

ERB, L. [1929]: Über die Bodenverhältnisse der Viehweiden im Hochschwarzwald. 1929. (Mitt. Bad. Geol. Landesanst., 10, H. 2.)

ERB, L. [1948]: Zur Frage der jungquartären Hebung des südlichen Schwarzwaldes. Freiburg/Br. 1948. (Mitt. Bad. Geol. Landesanst., Freiburg.)

FAUSER, O. [1949]: Kulturtechnische Verbesserungen. II. Bewässerung, Ödlandkultur und Umlegung. Berlin 1949.

GANSSEN, R. [1953]: Beiträge zur Problematik deutscher Mittelgebirgsböden, insbesondere der Braunerde. Weinheim 1953. (Z. Pfl. Ern., Düng., Bodenkde, Bd 63, S. 45—60.)

GANSSEN, R. [1957]: Beiträge zur Kenntnis der Böden des Oberrheingrabens und der angrenzenden Gebiete. III. Die Böden der östlichen Randgebiete des Oberrheingrabens, insbesondere des Schwarzwaldes. Weinheim 1957. (Z. Pfl. Ern., Düng., Bodenkde, Bd 79, S. 107—119.)

GANSSEN, R. [1957]: Bodengeographie. Stuttgart 1957.

GEIGER, R. [1950]: Das Klima der bodennahen Luftschicht. 3. Aufl. Braunschweig 1950.

HAASE, G. [1961]: Hanggestaltung und ökologische Differenzierung nach dem Catena-Prinzip. Gotha 1961. (Peterm. geogr. Mitt., Jg. 105, S. 1—8.)

HAMBLOCH, H. [1957]: Über die Bedeutung der Bodenfeuchtigkeit bei der Abgrenzung von Physiotopen. Remagen 1957. (Ber. dt. Ldeskde, Bd 18, S. 246—252.)

HASEMANN, W. und D. PFEIFFER [1953]: Hydrogeologische Übersichtskarte von Deutschland 1:500 000; Erläuterungen zu Blatt Freiburg i. Br. Remagen 1953.

HUBER, A. [1905]: Beiträge zur Kenntnis der Glazialerscheinungen im südöstlichen Schwarzwald. 1905. (N. Jahrb. f. Min., Bd 21.)

KLINGE, H. [1961]: Landschaftsökologie in bodenkundlicher Sicht. Bonn 1961. (Natur und Landsch., Jg. 36, S. 78—79.)

KOEHNE, W. [1948]: Grundwasserkunde. 2. Aufl. Stuttgart 1948.

KRAUSE, W. [1954]: Über den Einfluß winterlicher Bewässerung auf Bergwiesen des Schwarzwaldes. 1954. (Z. Acker- u. Pflanzenbau, Bd 97, S. 185—202.)

KRAUSE, W. [1956]: Zur Kenntnis der Wiesenbewässerung im Schwarzwald. Ludwigsburg 1956. (Veröff. Ldstelle Naturschutz u. Landschaftspflege Baden-Württemberg, H. 24, S. 484—507.)

KRAUSE, W. [1959]: Über die natürlichen Bedingungen der Grünlandberieselung in verschiedenen Landschaften Südbadens mit Ausblick auf den Wirtschaftserfolg. 1959. (Z. Acker- u. Pflanzenbau, Bd 107, S. 245—274.)

KRAUSE, W. [1961]: Boden und Pflanzengesellschaften. Berlin/Göttingen/Heidelberg 1961. (In: Handbuch der Pflanzenphysiologie.)

KRAUSE, W. [1962]: Die Analyse des Landschaftsbaues in der Luftbildauswertung, erläutert an Beispielen aus dem Südschwarzwald. Remagen 1962. (Ber. dt. Landeskde, Bd 29, H. 1, S. 85—97.)

KUBIENA, W. L. [1931]: Mikropedologische Studien. 1931. (Arch. f. Pflanzenbau, Abt. A, Bd 5, S. 613—648.)

KUBIENA, W. L. [1937]: Verfahren zur Herstellung von Dünnschliffen von Böden in ungestörter Lagerung. Jena 1937. (ZEISS-Nachrichten, Bd 2.)

KUBIENA, W. L. [1938 a]: Die Dünnschlifftechnik in der Bodenuntersuchung. 1938. (Forschungsdienst, Sonderh. 16.)

KUBIENA, W. L. [1938 b]: Micropedology. Ames, Iowa 1938. (University Press.)

KUBIENA, W. L. [1939]: Die mikroskopische Humusuntersuchung. 1939. (Forschungsdienst, Sonderheft 17.)

KUBIENA, W. L. [1948]: Entwicklungslehre des Bodens. Wien 1948.

KUBIENA, W. L. [1951]: Bodenkartierung und Landwirtschaft. Admont 1951. (Veröff. Bundesanst. alpine Landwirt., H. 5, S. 27—42.)

KUBIENA, W. L. [1953]: Bestimmungsbuch und Systematik der Böden Europas. Stuttgart 1953.

LANG, G. [1954]: Neue Untersuchungen über die spät- und nacheiszeitliche Vegetationsgeschichte des Schwarzwaldes. I. Der Hotzenwald. Karlsruhe 1954. (Beitr. naturkundl. Forsch. in Südwestdeutschland ,Bd XIII, S. 3—42.)

LAUTENSACH, H. [1952]: Der geographische Formenwandel. Studien zur Landschaftssystematik. Bonn 1952. (Coll. Geogr., Bd 3.)

LUNDEGARDH, A. [1957]: Klima und Boden in ihrer Wirkung auf das Pflanzenleben. Jena 1957.

MANIG, M. und H. SCHIRMER [1961]: Das Klima des südlichen Schwarzwaldes. Einflüsse der Änderung des natürlichen Abflusses auf das Klima. Offenbach 1961. (Ber. dt. Wetterdienst, Bd 11, Nr. 77.)

MEISEL, K. [1954]: Anwendung der Pflanzensoziologie zur Beurteilung von Wasserschäden in der Landwirtschaft. Stolzenau/Weser 1954. (Angew. Pfl. Soziol., H. 8, S. 127—129.)

MEISEL, K. [1958]: Vergleich zwischen Boden- und Vegetationskarte. Stolzenau/Weser 1958. (Angew. Pfl. Soziol., H. 15, S. 118—130.)

METZ, R. und G. REIN [1958]: Erläuterungen zur geologisch-petrographischen Übersichtskarte des Südschwarzwaldes mit Erz- und Mineralgängen 1:50 000. Lahr 1958.

MILNE, G. [1936]: A provisional Soil Map of East Africa. Amani 1936.

MÜLLER, A. v. [1956]: Über die Bodenwasserbewegung unter einigen Grünlandgesellschaften des mittleren Wesertales und seiner Randgebiete. Stolzenau/Weser 1956. (Angew. Pflanzensoziol., H. 12, S. 1—85.)

NEEF, E. [1956]: Einige Grundfragen der Landschaftsforschung. Leipzig 1956. (Wiss. Z. Univ. Leipzig, Jg. 5, H. 5, Mathem. Naturw. Kl.)

NEEF, E. [1960]: Der Bodenwasserhaushalt als ökologischer Faktor. Remagen 1960. (Ber. Dt. Ldeskde, Bd 25, S. 272—283.)

NEEF, E., G. SCHMIDT und M. LAUCKNER [1961]: Landschaftsökologische Untersuchungen an verschiedenen Physiotopen in Nordwestsachsen. Leipzig 1961. (Abh. Sächs. Akad. Wiss. Leipzig, Bd 47, S. 1—112.)

OBERDORFER, E. [1949]: Pflanzensoziologische Exkursionsflora für Südwestdeutschland und die angrenzenden Gebiete. Stuttgart 1949.

OBERDORFER, E. [1957]: Süddeutsche Pflanzengesellschaften. Jena 1957.

OSTENDORFF, E. [1955]: Die Bodenprovinzen Südwestdeutschlands. Hannover 1955. (Umsch. Dienst Akad. Raumforsch. Landesplan., Jg. 5, H. 3.)

PASSARGE, S. [1930]: Wesen, Aufgaben und Grenzen der Landschaftskunde. Gotha 1930. (Peterm. geogr. Mitt., Erg.-H. 209.)

PAUL, W. [1955]: Zur Morphogenese des Schwarzwaldes. 1955. (Jb. Geol. Landes.anst. Baden-Württemberg, 1, S. 395—427.)

PAFFEN, K. H. [1948]: Ökologische Landschaftsgliederung. Bonn 1948. (Erdkunde, Bd II, S. 167—173.)

PFANNENSTIEL, M. [1958]: Die Vergletscherung des Südschwarzwaldes während der Rißeiszeit. Freiburg/Br. 1958. (Ber. Nat. Forsch. Ges., Bd 48, S. 231—273.)

PUCHTINSKI, J. E. [1954]: Veränderungen der Bodentemperatur unter dem Einfluß der Bewässerung und Bodenlockerung. Moskau 1954. (Gartenbau, H. 7, S. 35—37, russisch; zit. nach Ref. in: Z. Pfl. Ern., Düng., Bodenkde, Bd 95, S. 84.)

REICHELT, G. [1954]: Über einige Grünlandgesellschaften und ihre Böden im südlichen Urgesteinschwarzwald. 1954. (Z. Acker- u. Pflbau, Bd 98, S. 67—88.)

REICHELT, G. [1955]: Zum Einfluß der Bewässerung auf das Mikroklima von Mittelgebirgswiesen. Wien 1955. (Arch. Met. Geoph. Biokl., Bd 6, B, S. 374—399.)

REICHELT, G. [1960 a]: Über quartäre Ablagerungen und Formen des Hotzenwaldes zwischen Wehra und Alb. Freiburg/Br. 1960. (Diss. rer. nat., Freiburg/Br.)

REICHELT, G. [1960 b]: Zur Frage der Rißvereisung des Südschwarzwaldes. Bonn 1960. (Erdkunde, Bd XIV, S. 53—54.)

REICHELT, G. [1960 c]: Quartäre Ablagerungen und Formen im Hotzenwald. Freiburg/Br. 1960. (Ber. Nat. Forsch. Ges., Bd 40, S. 57—128.)

RUBNER, K. [1948]: Waldbau. Radebeul/Berlin 1948. (In: NEUDAMMERs forstliches Lehrbuch, 2. Lfg., S. 209—352.)

RÜHL, A. [1958]: Flora und Waldvegetation der deutschen Naturräume. Wiesbaden 1958. (Erdkundl. Wissen, H. 5/6.)

SCHEFFER, F. u. P. SCHACHTSCHABEL [1962]: Lehrbuch der Agrikulturchemie und Bodenkunde. T. 1, Bodenkunde. 5. Aufl. Stuttgart 1962.

SCHMIDT, G. [1962]: Zur Landschaftsökologie des Mokra-Gebirges. Gotha 1962. (Peterm. geogr. Mitt., Jg. 106, S. 20—29.)

SCHMITHÜSEN, J. [1948]: „Fliesengefüge der Landschaft" und „Ökotop". Vorschläge zur begrifflichen Ordnung und zur Nomenklatur in der Landschaftsforschung. Remagen 1948. (Ber. dt. Ldeskde, Bd 5, S. 74—83.)

SCHMITHÜSEN, J. [1953]: Grundsätzliches und Methodisches. Remagen 1953. (Einleitung zum Handbuch der naturräumlichen Gliederung Deutschlands, S. 1—34.)

SCHONNOP, G. [1952]: Beregnungswirtschaft, Klimaforschung und Wetterdienst. 1952. (Ber. dt. Wetterdienst, US-Zone, Nr. 42.)

SCHWABE, G. H. [1961]: Zur Landschaftsökologie. Bonn 1961. (Natur u. Landsch., Jg. 36, S. 65—70.)

SCHWARZMANN, H. [1953]: Grundwasserstände in der Oberrheinebene und offene Abflüsse. Remagen 1953. (In: Hydrogeologische Übersichtskarte von Deutschland, Erläuterungen zu Bl. Freiburg.)

STREMME, H. [1930 a]: Die Braunerden. (in: BLANCK: Handbuch der Bodenlehre. Bd III.)

STREMME, H. [1930 b]: Die Böden Deutschlands. (in: BLANCK: Handbuch der Bodenlehre. Bd V.)

STREMME, H. [1936]: Die Böden des Deutschen Reiches und der Freien Stadt Danzig. Gotha 1936. (Peterm. geogr. Mitt., Erg-H. 226.)

TROLL, C. [1950]: Die geographische Landschaft und ihre Erforschung. Bonn 1950. (Studium Generale, Bd 3.)

TÜXEN, R. [1954 a]: Die Wasserstufenkarte und ihre Bedeutung für die nachträgliche Feststellung von Änderungen im Wasserhaushalt einer Landschaft. Stolzenau/Weser 1954. (Angew. Pflanzensoziol., H. 8, S. 31—36.)

TÜXEN, R. [1954 b]: Pflanzengesellschaften und Grundwasserganglinien. Stolzenau/Weser 1954. (Angew. Pflanzensoziol., H. 8, S. 64—98.)

VAGELER, P. [1940]: Die Böden Westafrikas vom Standpunkt der Catena-Methode. 1940. (Mitt. dt. kolonialwirt. Untern., Bd 2.)

WECK, J. [1956]: Entwicklungsstufen und Gefügetypen von Baumbeständen. Hamburg/Berlin 1956. (Forstw. Cbl., Jg. 75, S. 65—128.)

WUNDT, W. [1953]: Gewässerkunde. Berlin/Göttingen/Heidelberg 1953.

Kartenwerke: Klimaatlas von Baden-Württemberg [1953] (Bad Kissingen)

Benutzte unveröffentlichte Arbeiten:

REISCH, E. [1954]: Bericht über betriebswirtschaftliche Erhebungen im Bereich der „Beileitung West" der Schluchseewerk-AG. (Ms., 10. Oktober 1954, gefertigt vom Staatlichen Forschungs- und Beratungsinstitut für Höhenlandwirtschaft, Donaueschingen, für die Schluchseewerk AG, Freiburg/Breisgau.)

Fotografien

F o t o 1 : Blick von der Äußeren Murgmatt aus auf den Steilhang der Vorwaldverwerfung. (4. 6. 1962)

F o t o 2: Blick auf den Ausgang der Murgschlucht unterhalb der Vorwaldverwerfung am oberen Ende der Talweitung von Hottingen. Die Murg fließt heute rechts unterhalb des Waldes. (3. 6. 1962)

F o t o 3: Blick auf den Hang der Hinteren Mühlenrainmatt. (4. 6. 1962)

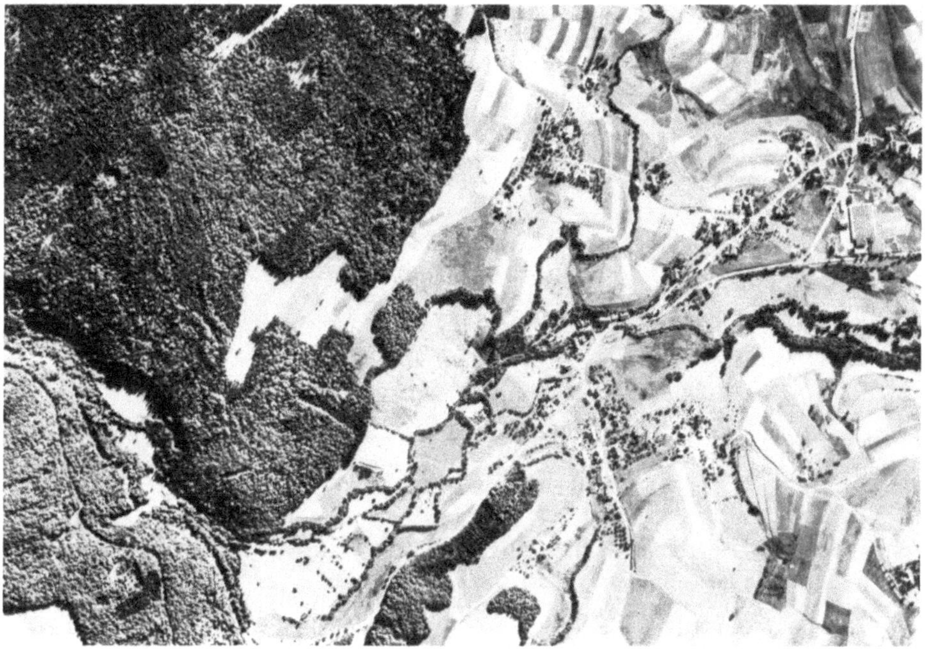

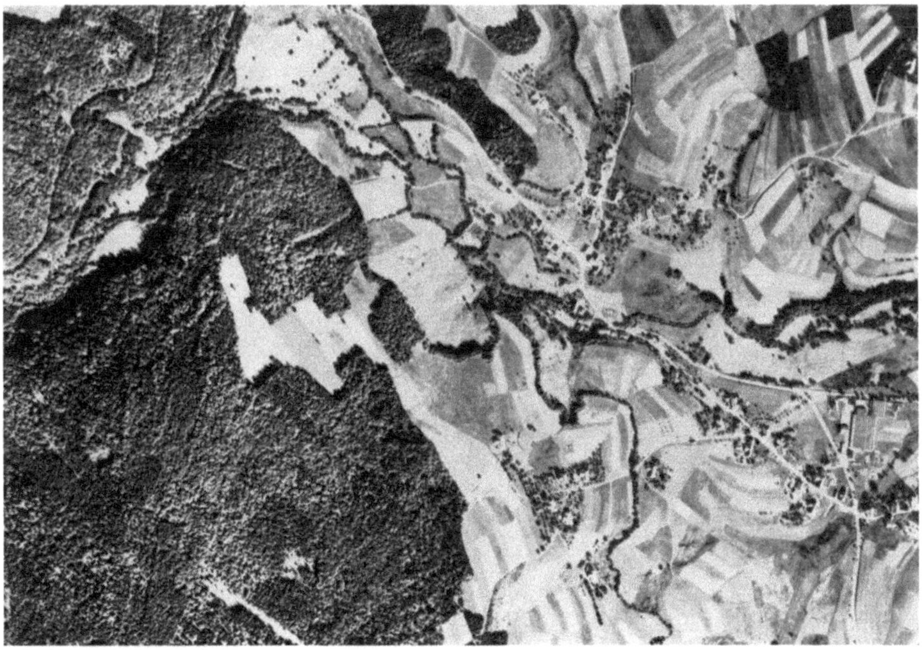

F o t o 4 (Text s. Rückseite)

F o t o 4: Stereoskopisches Luftbildpaar der Gemarkung Hottingen. Flug-Senkrechtaufnahme, Maßstab etwa 1 : 15 000 im Originalbild, nicht entzerrtes Reihenbild. Der Geländeausschnitt liegt in den Top. Karten 8313 und 8314. Freigegeben Innenminist. Baden-Württemberg, Hauptabt. Verkehr, Nr. P 2630 vom 13. 2. 1964.

In der oberen Bildhälfte verläuft die Vorwaldverwerfung. In den Steilhang der Verwerfung eingeschnitten ist das Tal der Hauensteiner Murg. Die Talauen von Hottingen erstrecken sich anschließend in einem Streifen nach S.

(Die stereoskopische Betrachtung der Bilder ist mit Hilfe eines Taschenspiegels leicht möglich, vgl. SCHMIDT-KRAEPELIN in ERDKUNDE, BD XII, S. 98, Bonn 1958.)

F o t o 5 : Blick von der Straßenkurve westlich der Inneren Murgmatt auf den Schwemmfächer der Murg. Links hinten der Ausgang des Murgtales aus der Vorwaldverwerfung. Die Murg fließt im Bild hinten unterhalb des Waldes (vgl. Foto 3). (3. 6. 1962)

F o t o 6: Luftbild der Gemarkung Hottingen. Hersteller: Luftverkehr STRÄHLE, Schorndorf/Württ. Flug-Schrägaufnahme Nr. 13 772, Maßstab etwa 1 : 2 500 (im Vordergrund). Das Bild ist nach NNW ausgerichtet. Der Geländeausschnitt liegt in der Top. Karte 8314.

Im Hintergrund von links nach rechts verläuft die Vorwaldverwerfung. Durch den dicht bewaldeten Teil (rechts hinten) führt das enge Murgtal. Die Murg verläßt das Bild links unten im Vordergrund. Besonders dort ist das Grabennetz gut zu erkennen.

Foto 7: Bodenprofil Hot 1. Tiefgründige Braunerde mit guter Humusbildung (Mull, bzw. mullartiger Moder). Diese Boden- und Humusbildung ist typisch für Standorte in den Talauen der Murg, die nicht durch Grundwasser oder stagnierendes Oberflächenwasser vernäßt sind, sondern einen ausgeglichenen Bodenwasserhaushalt haben.

Foto 8: Bodenprofil Hot 7. Oligotrophe Braunerde, mit Moder als Humusform. Typisches Bodenprofil für sehr trockene Standorte; solche finden sich vor allem an der Stirn von kleinen Stufen im Hang oder an sehr steilen Hangpartien. Infolge länger andauernder Trockenperioden ist vor allem die Zersetzung des anfallenden Bestandesabfalles gehemmt.

Foto 9: Bodenprofil Hot 9. Auanmoor auf Torf, Humusform Anmoor. Das Auanmoor ist typisch für Standorte, die stark vernäßt sind durch stagnierendes Oberflächenwasser. An vielen Stellen findet sich darunter Torf. Im allgemeinen ist die Humusform an diesen Standorten ein dystrophes Anmoor, vielfach ist es aber (z. B. durch Entwässerungsmaßnahmen) in einen feuchten Grobmoder umgewandelt worden.

Foto 10: Bodenprofil Hot 12. Verbraunter Gley, Humusform Moder. Typisches Bodenprofil für Standorte in den Talauen, die noch im Untergrund stärker vernäßt sind. Hier ist die Humusform durch Wirtschaftsmaßnahmen verbessert worden.

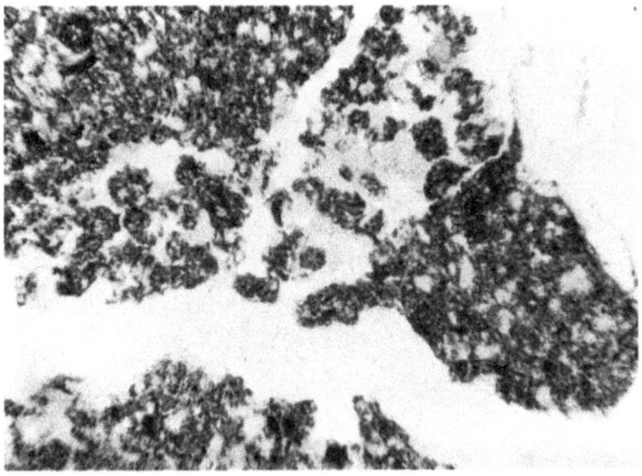

Foto 11: Mikrofoto eines Bodendünnschliffes aus 4 cm Tiefe, Vergrößerung etwa 40 : 1. Profil Hot 1, A-Horizont. Das Bild zeigt die für Mull typische innige Verbindung von Humusmaterial, Mineralkörnern und übriger fester Bodensubstanz; es zeigt auch die lockere und hohlraumreiche Struktur, aufgebaut aus mannigfach geformten (Losungs-) Aggregaten mit Hohlräumen verschiedenster Breite und Form.

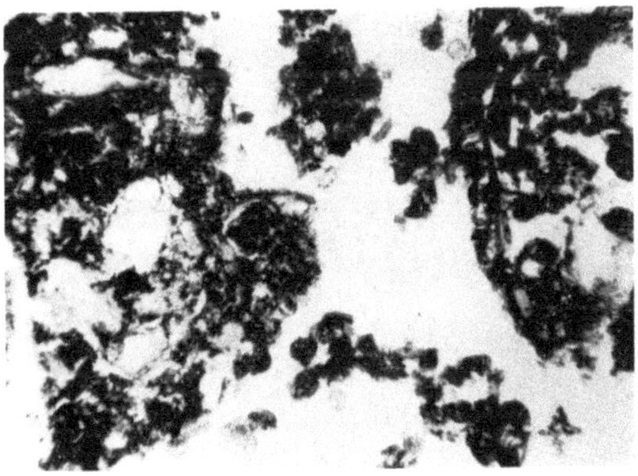

Foto 12: Mikrofoto eines Bodendünnschliffes aus 4 cm Tiefe, Vergrößerung etwa 40 : 1. Profil Hot 7, A-Horizont. Die Komponenten der festen Bodensubstanz bilden ein loses Gemenge. Die meist noch wenig angegriffenen Pflanzenreste sind oft stark verpilzt.

F o t o 13: Dünnschliffaufnahme, Maßstab etwa 40 : 1; Profil Hot 9, A-Horizont, 4 cm Tiefe. Sehr feuchter anmooriger Grobmoder; viele unzersetzte Pflanzenreste bilden ein sperriges Gemenge, das vielfach durch verschlämmte Losungsteile der Bodentiere aufgefüllt ist.

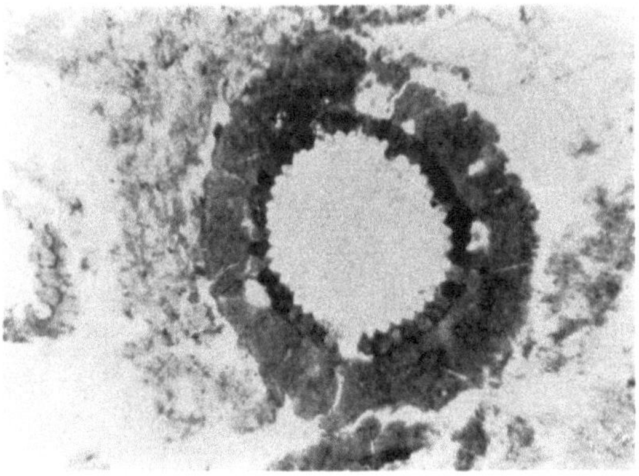

F o t o 14: Dünnschliff-Aufnahme, Maßstab etwa 40 : 1; Profil Hot 3, A-Horizont, 4 cm Tiefe. Dystrophes Anmoor. Das Bild zeigt einen typischen Ausschnitt aus dieser Humusform: eine halbzersetzte Wurzel, deren Reste und nähere Umgebung mit Eisenhydroxyd angereichert sind, und die helle, enteisente, sehr dichte übrige Bodenmasse.

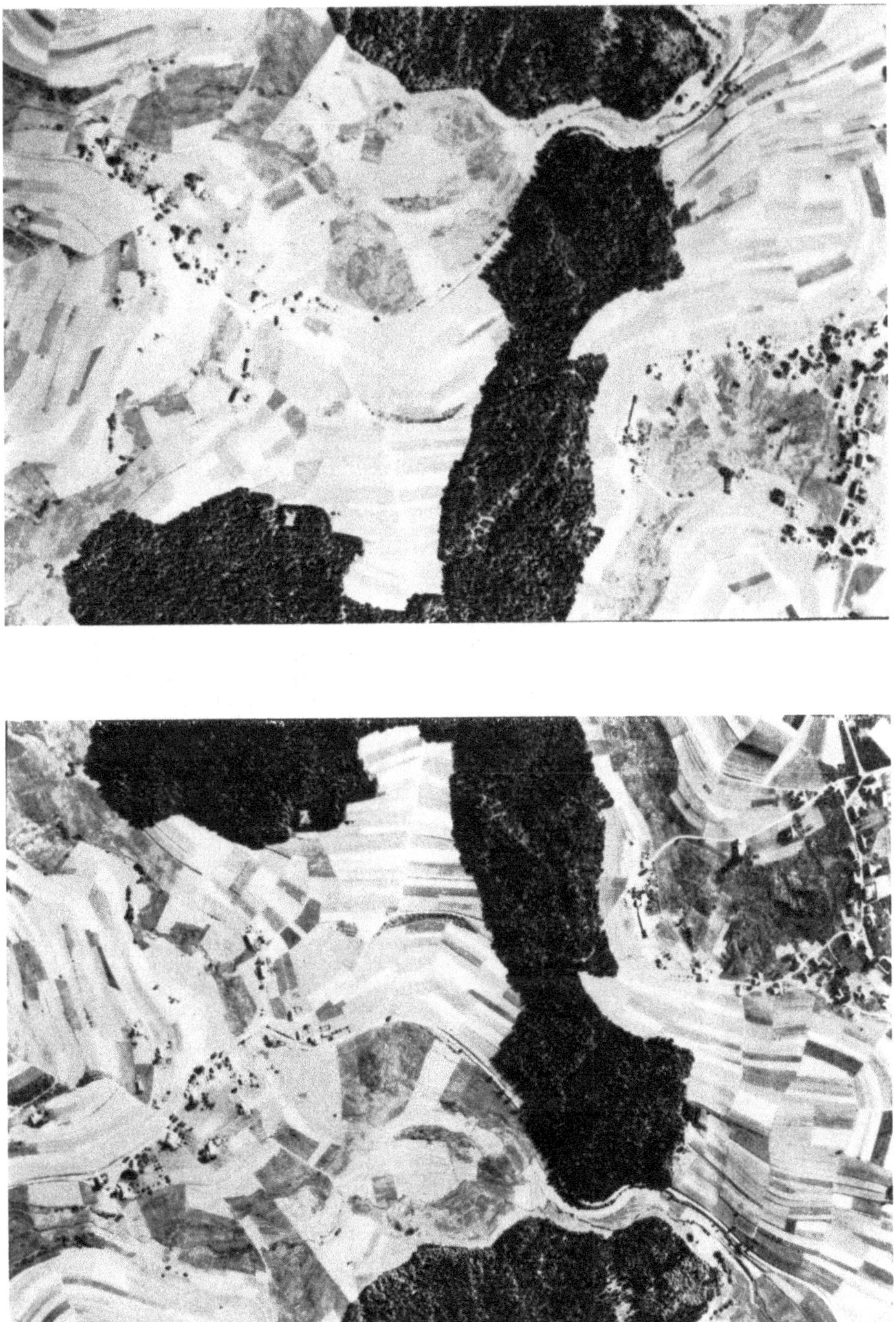

F o t o 15: (Text s. Rückseite)

F o t o 15: Stereoskopisches Luftbildpaar der Gemarkung Giersbach. Flug-Senkrechtaufnahme, Maßstab etwa 1 : 15 000 im Originalbild, nicht entzerrtes Reihenbild. Der Geländeausschnitt liegt in der Top. Karte 8314. Freigegeben: Innenminist. Baden-Württemberg, Hauptabt. Verkehr, Nr. P 2629 vom 13. 2. 1964.

Den Mittelteil des Bildes nehmen die Talauen von Giersbach ein. In deren Mitte ist der Hochmoorrest zu erkennen; er wird umrahmt von abgetorften Flächen und verschiedenen Grünlandflächen, meist Wässerwiesen. (Zur stereoskopischen Betrachtung der Bilder vgl. Legende zu Foto 4.)

Foto 16: Blick murgaufwärts in die Talweitung von Giersbach. In der Bildmitte bis in den Vordergrund sieht man große Flächen von Wässerwiesen. Links ist ein Teil des Hochmoorrestes zu erkennen. Die Murg kommt von links hinten und fließt links am Hochmoorrest vorbei.

Foto 17: Luftbild der Gemarkung Giersbach. Hersteller: Luftverkehr STRÄHLE, Schorndorf/Württ. Flugschrägaufnahme Nr. 11 125, Maßstab im Vordergrund etwa 1 : 2 500. Das Bild ist nach N ausgerichtet. Der Geländeausschnitt liegt in der Top. Karte 8314.

Im Vordergrund ist der nördliche Teil der Talauen von Giersbach zu erkennen, das sorgfältig angelegte Netz der Wässergräben ist deutlich. Hier ist es das Wasser eines von rechts kommenden Nebenbaches der Murg, das verwendet wird. Die Murg selbst entspringt im Bild ganz hinten (bei den letzten beiden Häusern) und fließt dann am linken Bildrand nach S.

Karten

Topographische Grundlage der Karten 2, 3, 8, 9, 10, 11:
Ausschnitte aus den Top. Karten 8313 Wehr und 8314 Görwihl,
Vergrößerungen 1 : 5000 mit Genehmigung des Landesvermessungsamtes.

KARTE 1

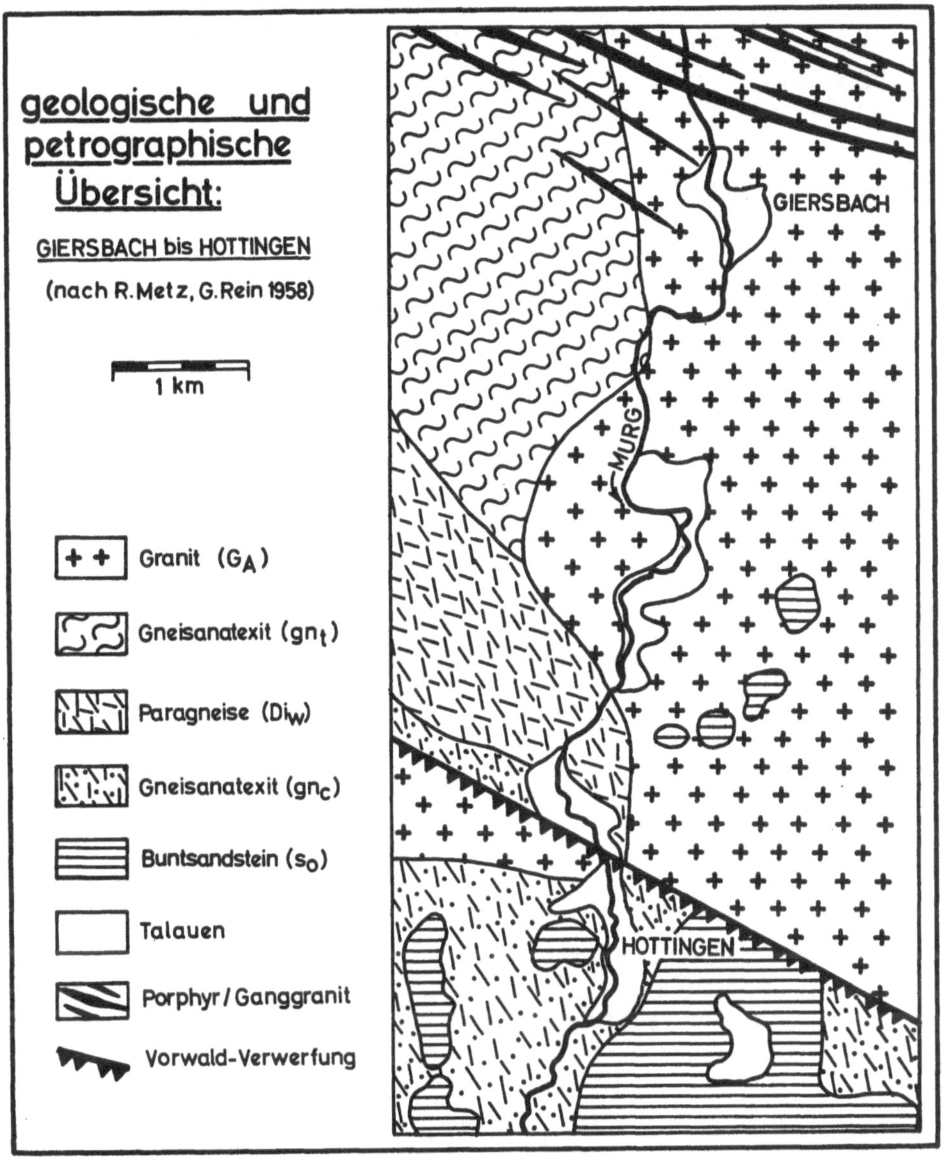

Karte 1: Geologisch-petrographische Übersicht über das Murgtal zwischen Giersbach und Hottingen

KARTE 2

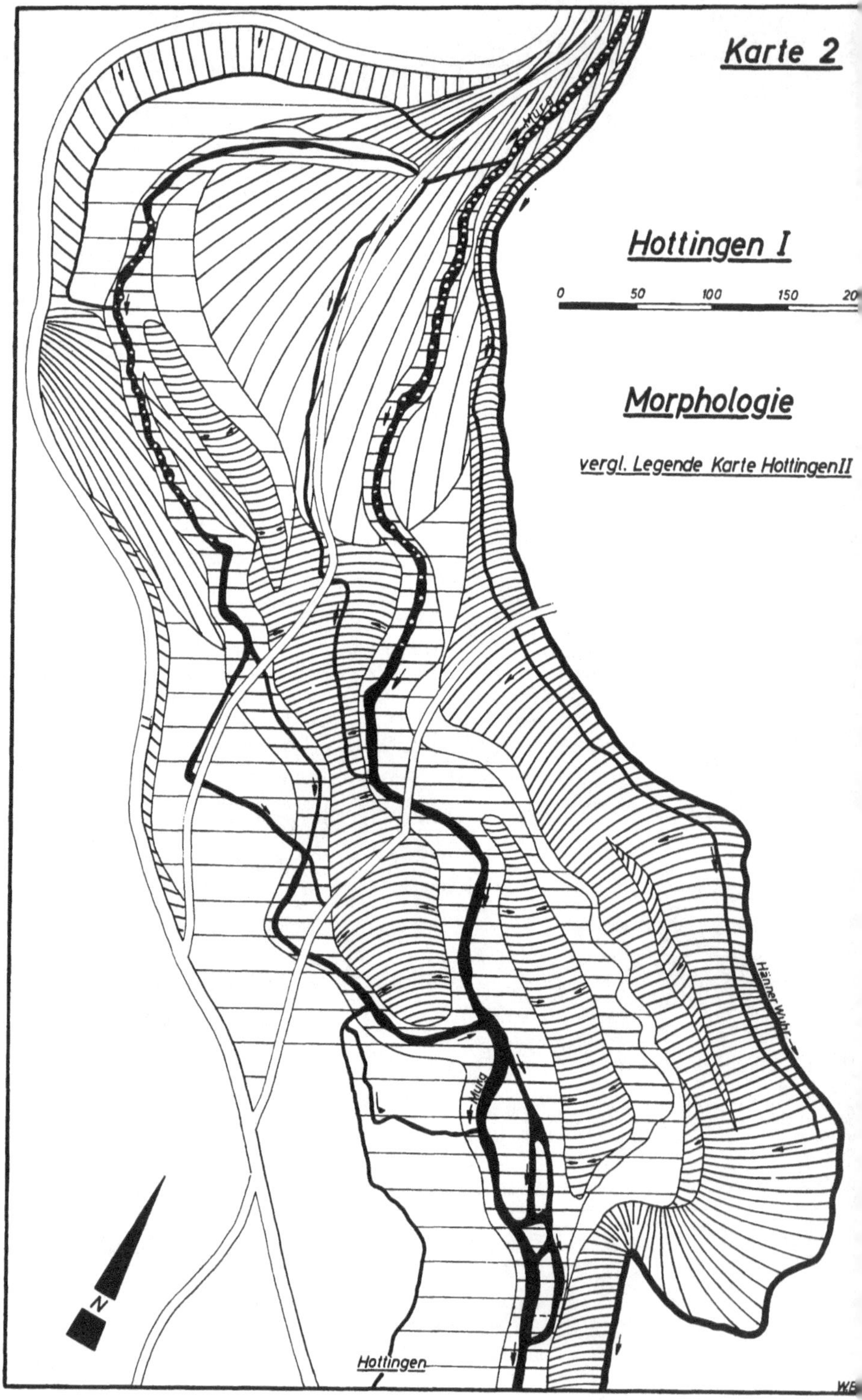
Karte 2
Hottingen I
0 50 100 150
Morphologie
vergl. Legende Karte Hottingen II
Mura
Hänner Wuhr
Mura
Hottingen
N

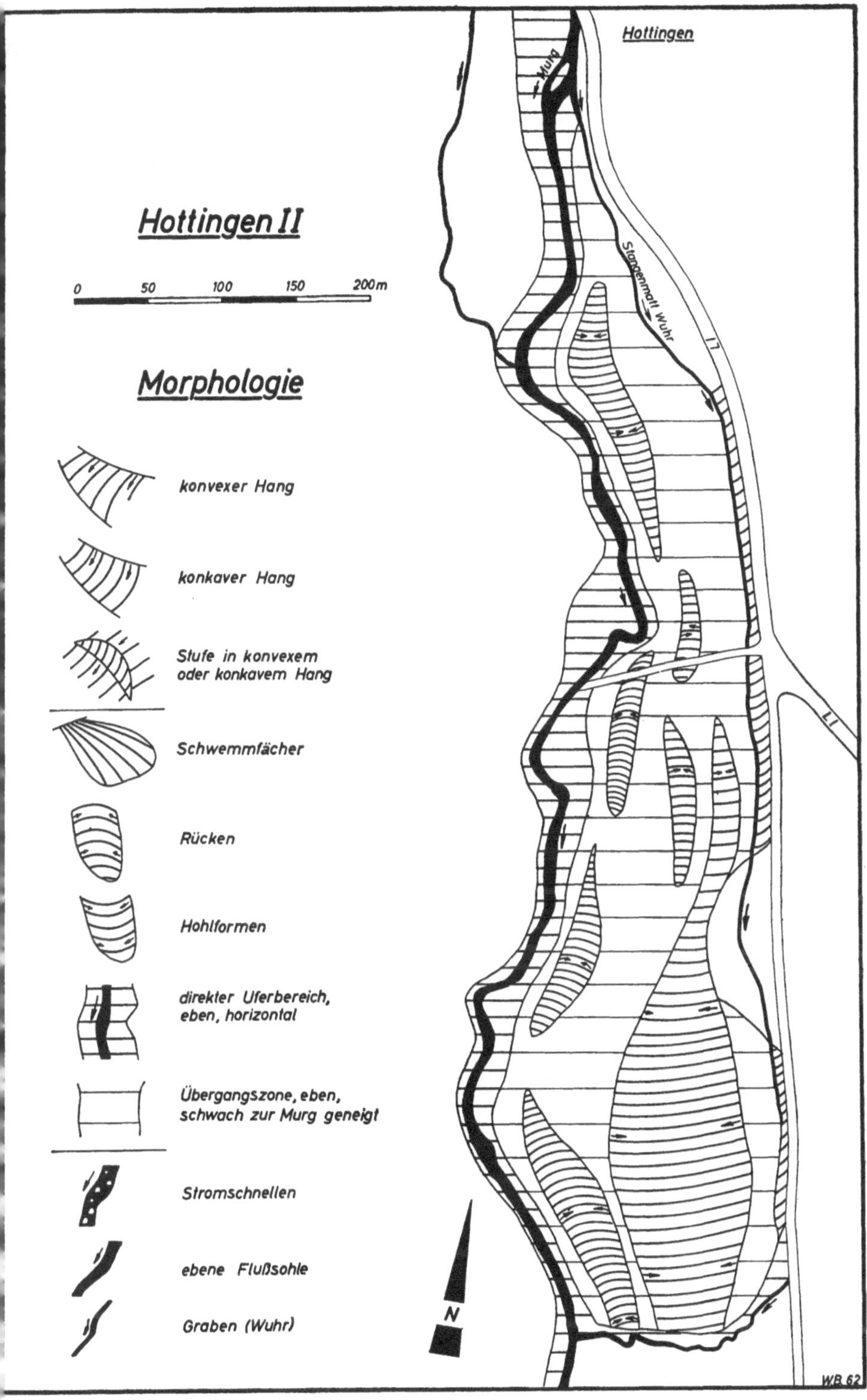
Hottingen II
0 50 100 150 200m
Morphologie
konvexer Hang
konkaver Hang
Stufe in konvexem oder konkavem Hang
Schwemmfächer
Rücken
Hohlformen
direkter Uferbereich, eben, horizontal
Übergangszone, eben, schwach zur Murg geneigt
Stromschnellen
ebene Flußsohle
Graben (Wuhr)
Hottingen
Murg
Stangenmatt Wuhr
L1
L1
N
WB 62

KARTE 3

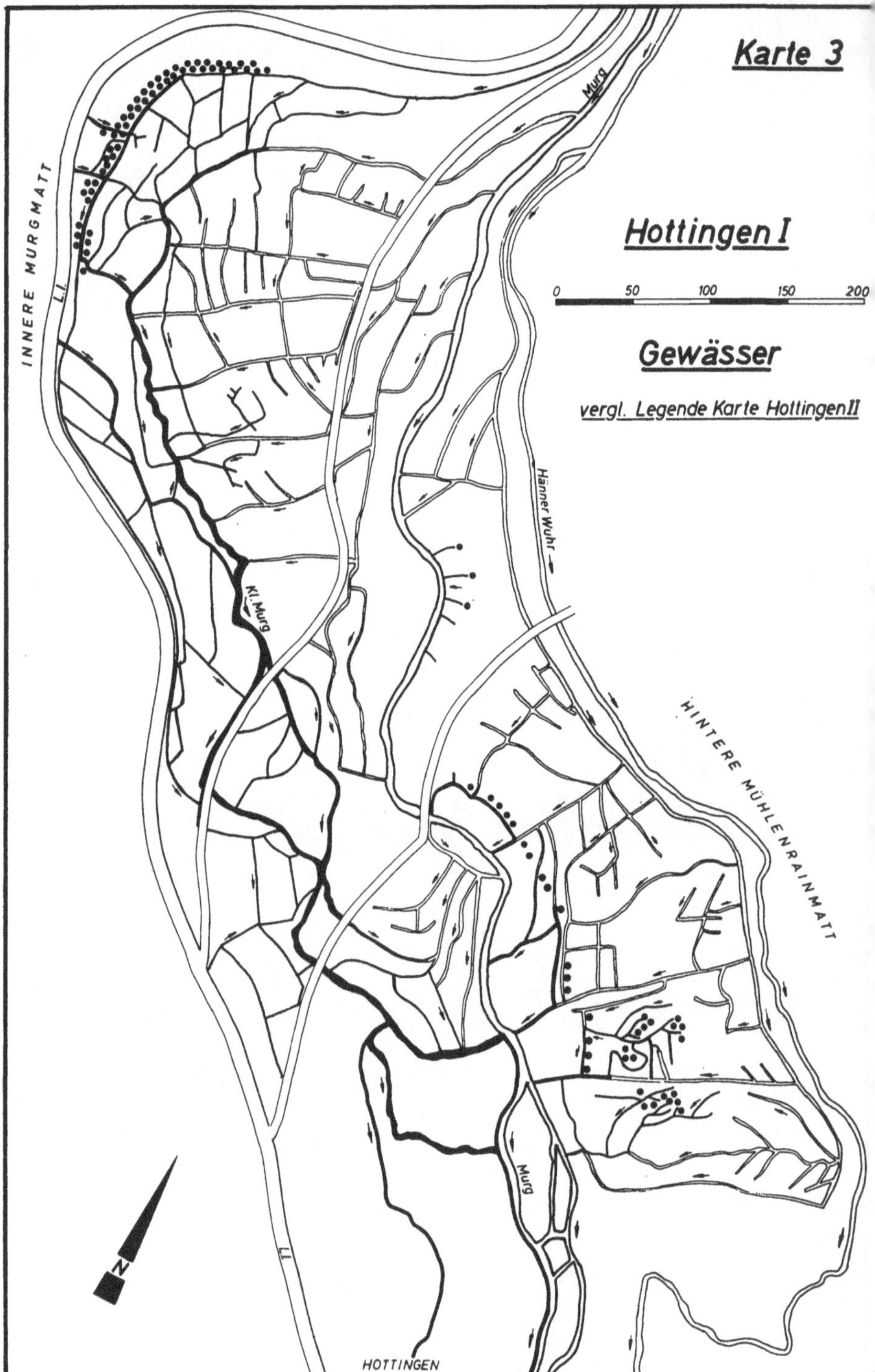
Karte 3
Hottingen I
0 50 100 150 200
Gewässer
vergl. Legende Karte Hottingen II
Murg
INNERE MURGMATT
L.I.
Hänner Wuhr
Kl. Murg
HINTERE MÜHLENRAINMATT
Murg
N
L.I.
HOTTINGEN

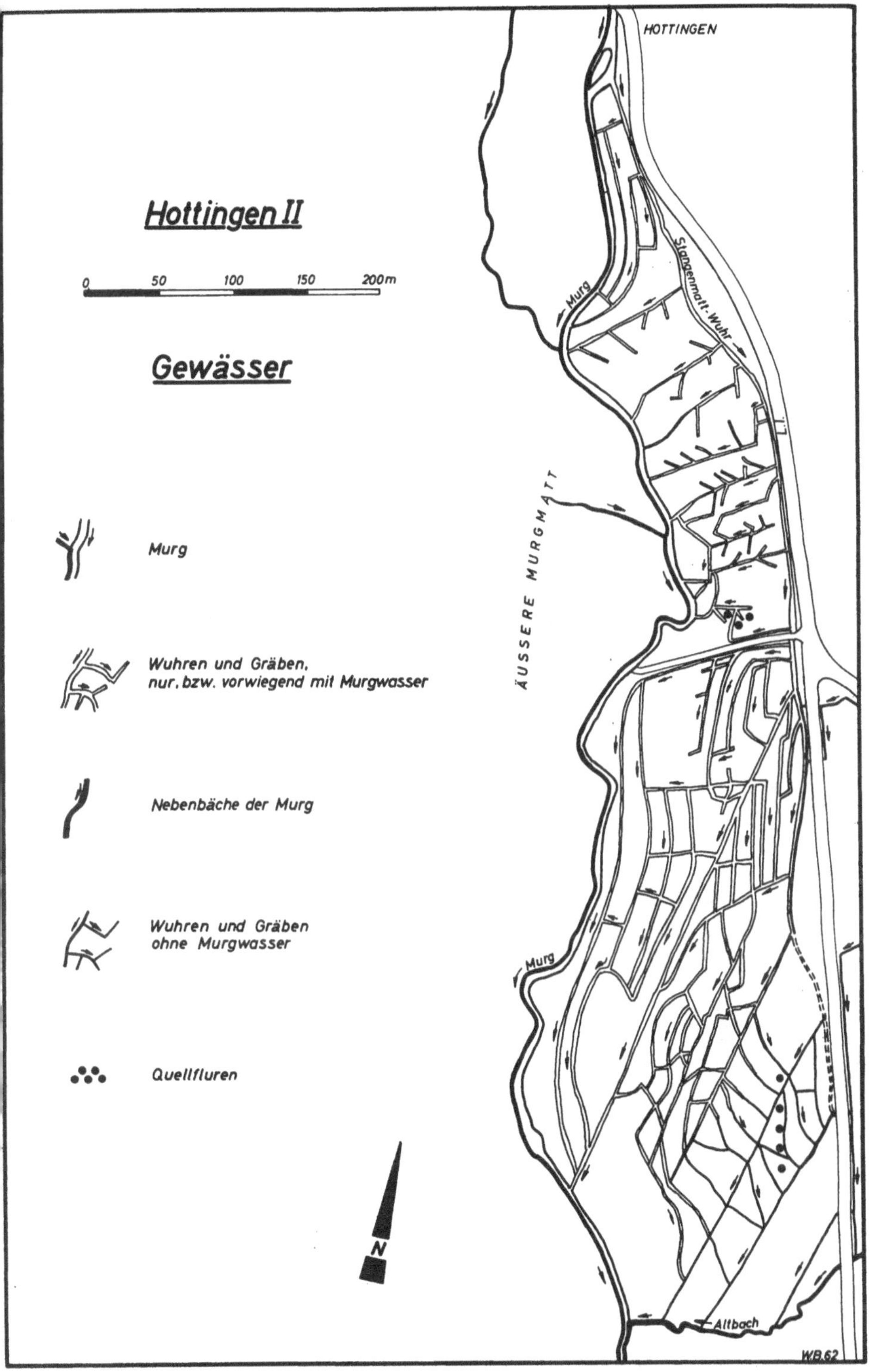

Hottingen II
0 50 100 150 200m
Gewässer
Murg
Wuhren und Gräben, nur, bzw. vorwiegend mit Murgwasser
Nebenbäche der Murg
Wuhren und Gräben ohne Murgwasser
Quellfluren
N
HOTTINGEN
Stangenmatt-Wuhr
Murg
ÄUSSERE MURGMATT
Altbach
W.B.62

KARTE 4

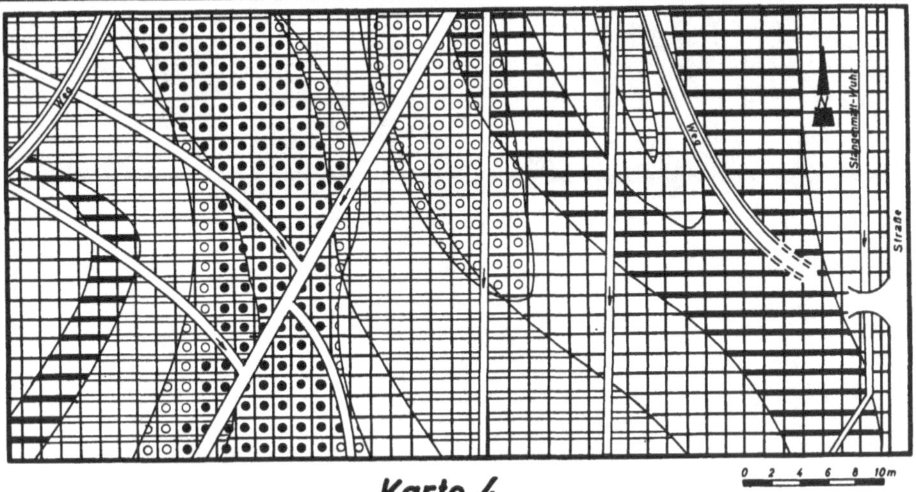

Karte 4

Bodenarten *(bis 1 m Tiefe, A-Horizont abgedeckt)*

- *lehmiger Sand*
- *Sand, z.T. mit Kies + Steinen unter lehmigem Sand*
- *sandiger Lehm, z.T. Lehm unter lehmigem Sand*

begrabene Humusschichten *(in lehmigem S.)*

- ● ● ● *Mächtigkeit: 20 - 50 cm* — *z.T. Torf*
- ○ ○ ○ *Mächtigkeit: 5 - 20 cm* — *z.T. nur einzelne Pflanzenreste*

Entwurf u. Zeichnung W. Beckmann

KARTE 5

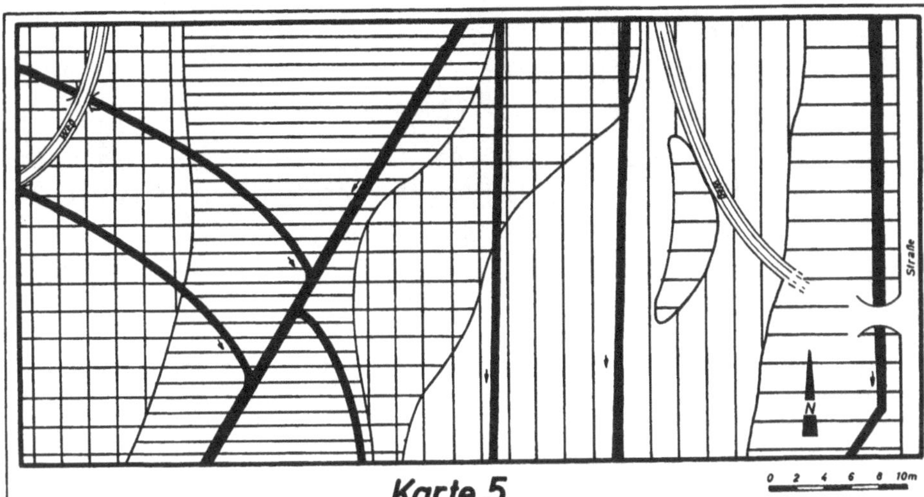

Karte 5

Bodentypen

- Brauner Auboden (meist G-Horizont im tieferen Untergrund)
- ± verbraunter Gley
- Auanmoor oder andere anmoorige Auböden
- dto., aber mit begrabener Humusschicht (z.T. Torf)

KARTE 6

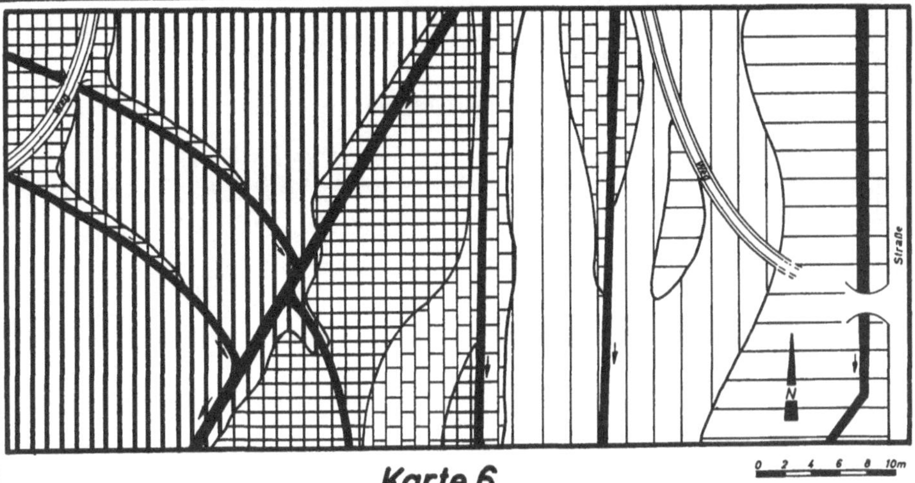

Karte 6

Humusformen

- Mull bis mullartiger Moder
- mullartiger Moder bis Moder
- feuchter Grobmoder (anmoorig)
- Anmoor
- dystrophes Anmoor

Entwurf u. Zeichnung: W. Beckmann

KARTE 7

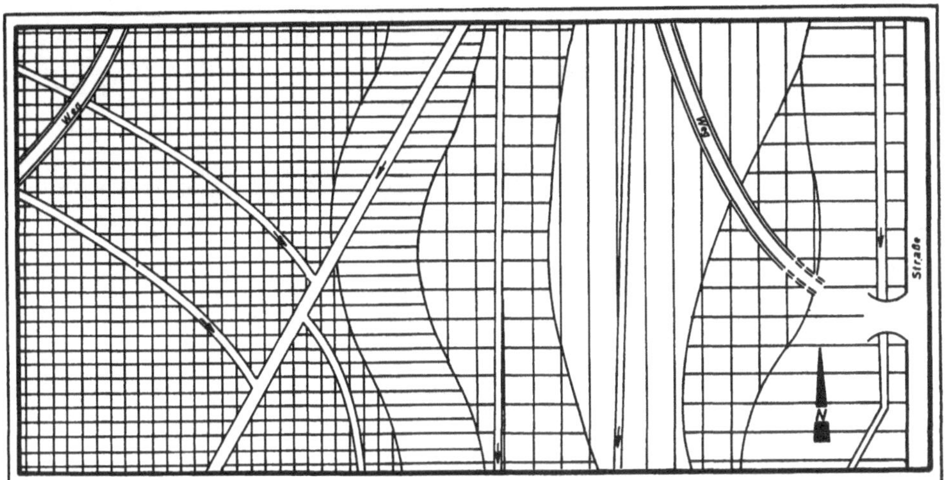

Karte 7

Bodenfeuchtigkeit (bis 1 m Tiefe)

- trocken bis frisch
- feucht
- feucht, im Unterboden naß
- feucht, im Oberboden naß
- vernäßt

Entwurf u. Zeichnung: W. Beckmann

KARTE 8

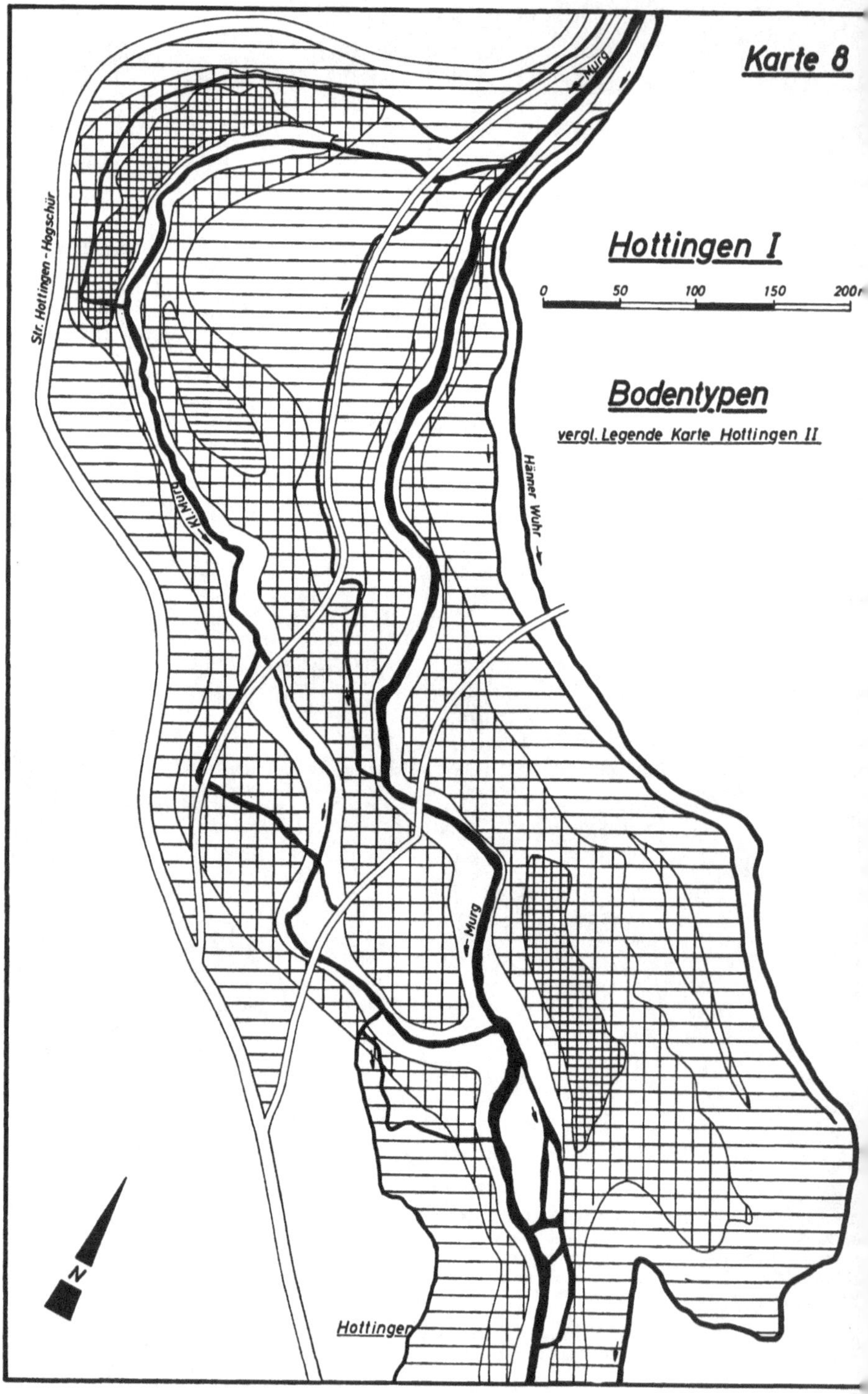
Karte 8
Hottingen I
0
50
100
150
200m
Bodentypen
vergl. Legende Karte Hottingen II
Str. Hottingen - Hogschür
Murg
Kl. Murg
Hänner Wuhr
Murg
Hottingen
N

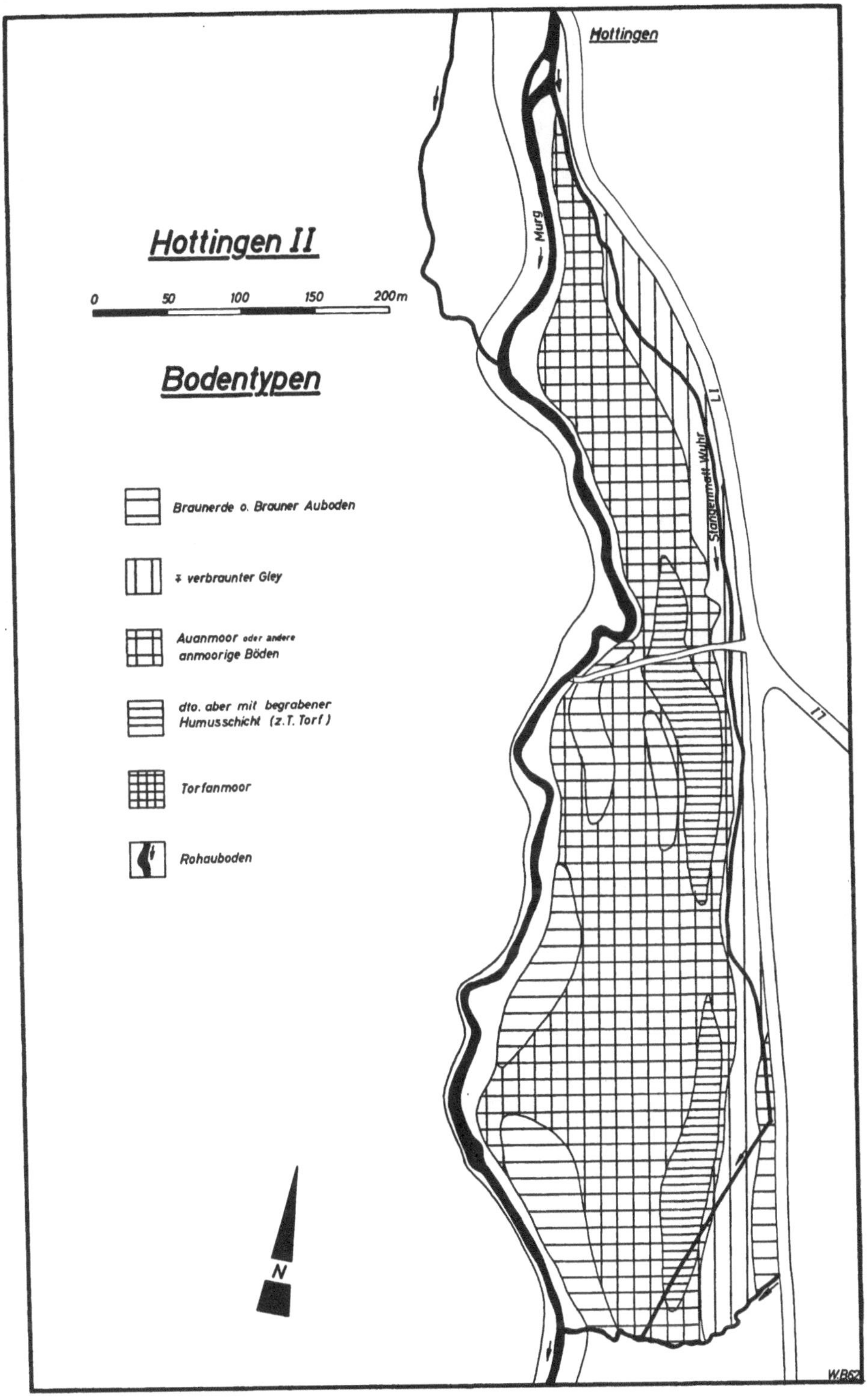
Hottingen II
0
50
100
150
200m
Bodentypen
Braunerde o. Brauner Auboden
± verbraunter Gley
Auanmoor oder andere anmoorige Böden
dto. aber mit begrabener Humusschicht (z.T. Torf)
Torfanmoor
Rohauboden
N
Hottingen
Murg
Stangenmatt Wuhr
L1
L1
W.B.62

KARTE 9

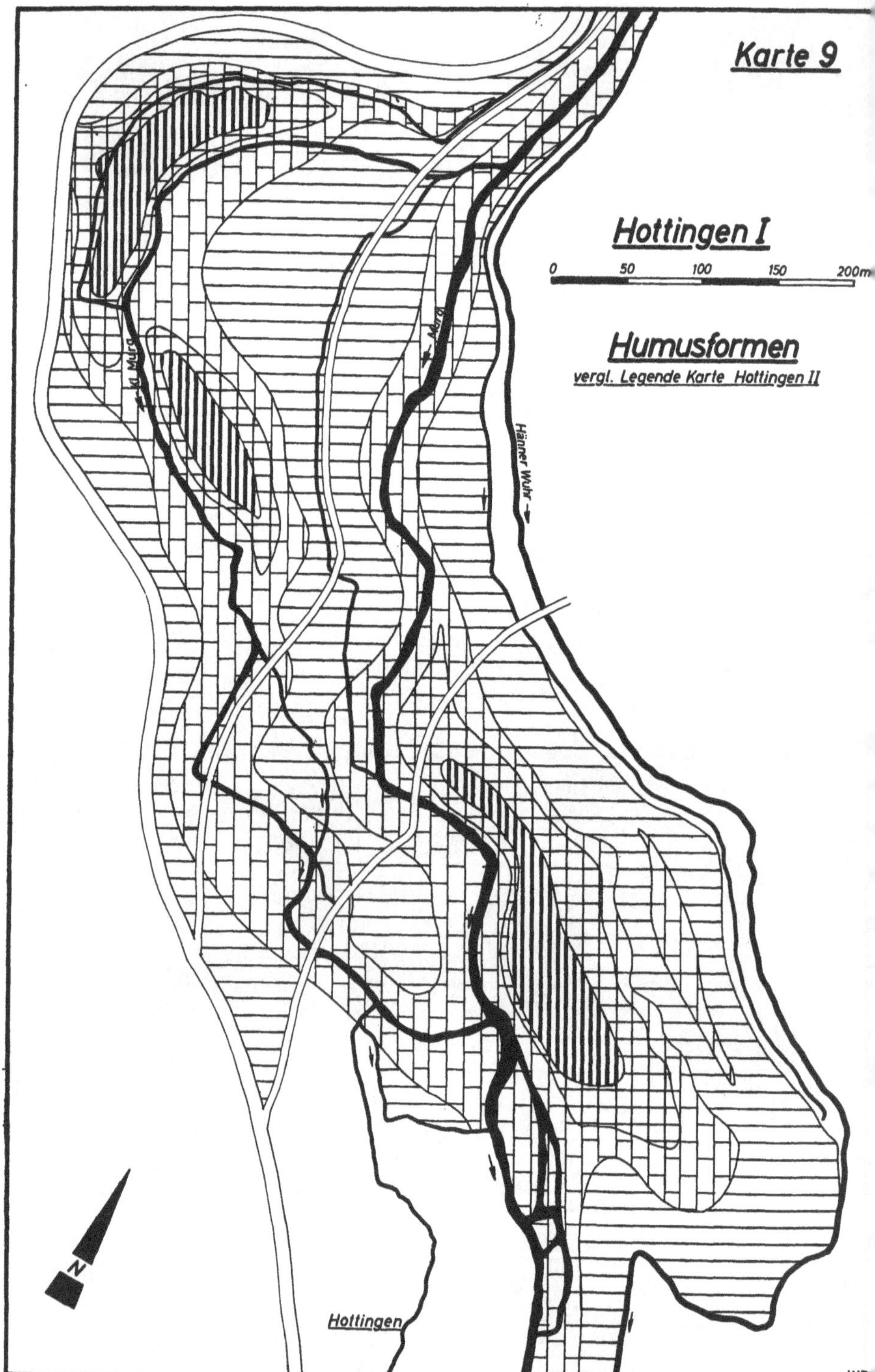

Karte 9
Hottingen I
0 50 100 150 200m
Humusformen
vergl. Legende Karte Hottingen II
Kl. Murg
Murg
Hänner Wuhr
N
Hottingen
WB

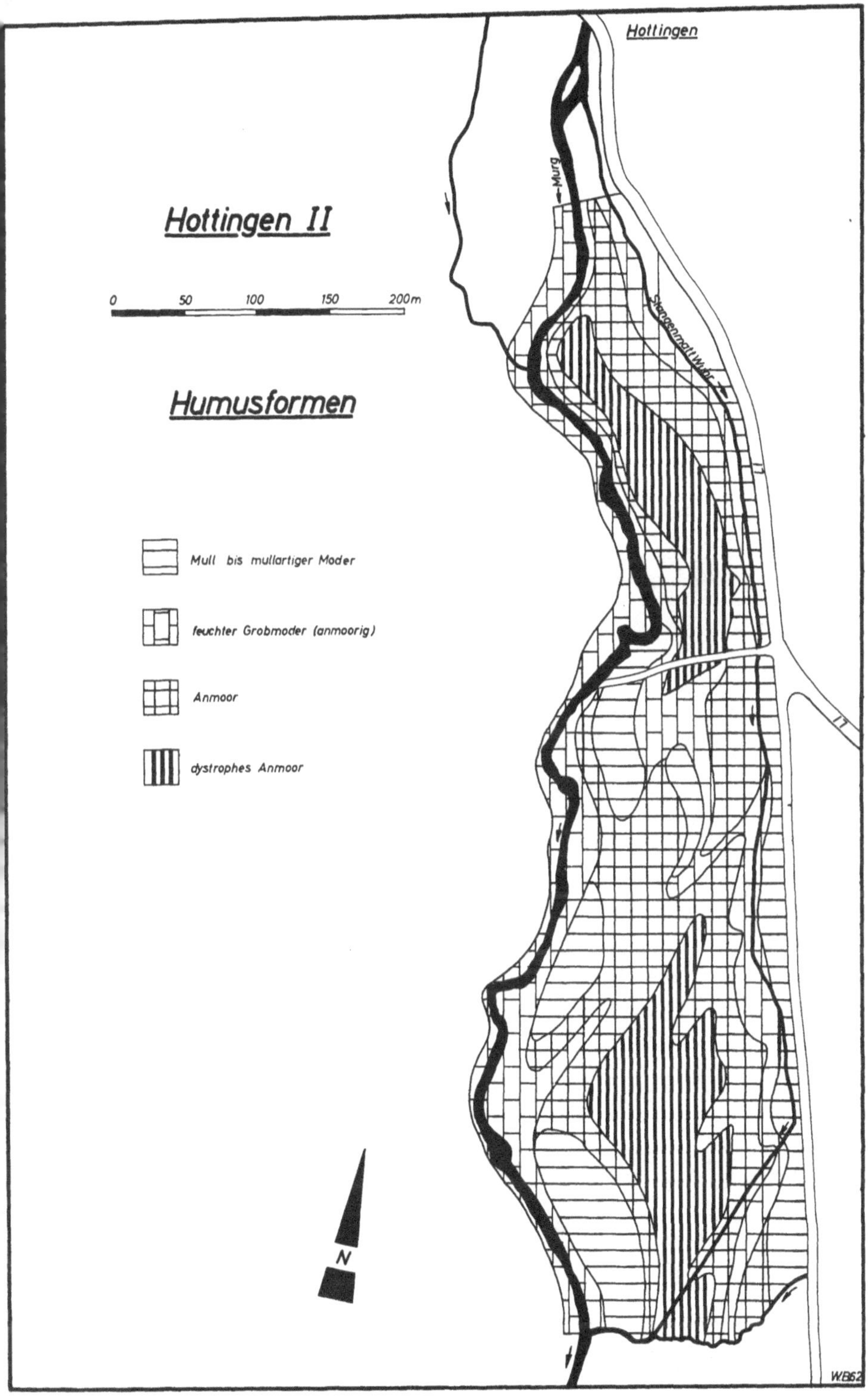

Hottingen II
0
50
100
150
200m
Humusformen
Mull bis mullartiger Moder
feuchter Grobmoder (anmoorig)
Anmoor
dystrophes Anmoor
Hottingen
Murg
Stangenmattwuhr
N
WB62

KARTE 10

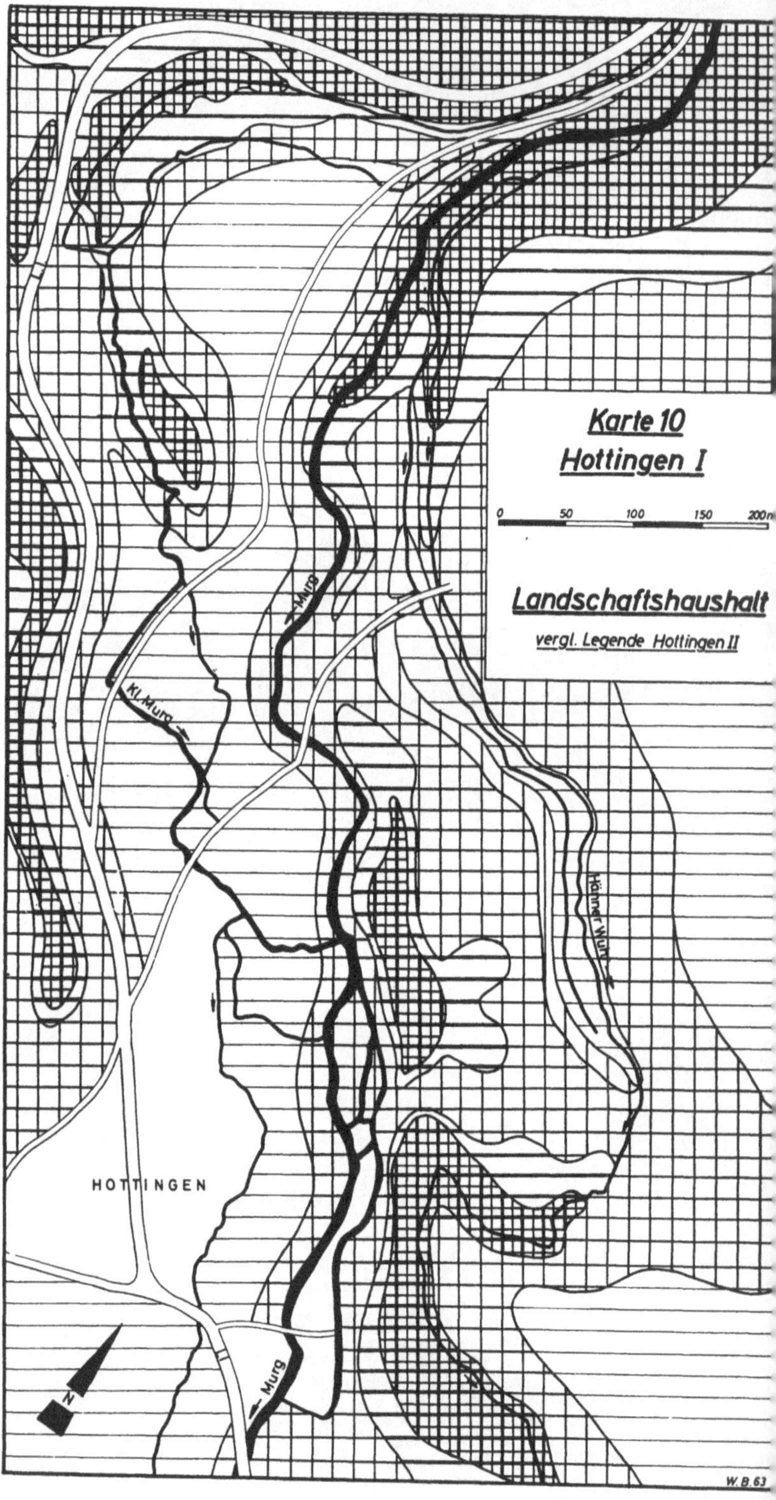

Karte 10
Hottingen I
0 50 100 150 200m
Landschaftshaushalt
vergl. Legende Hottingen II
Murg
Kl. Murg
Hänner Wuhr
HOTTINGEN
Murg
N
W.B.63

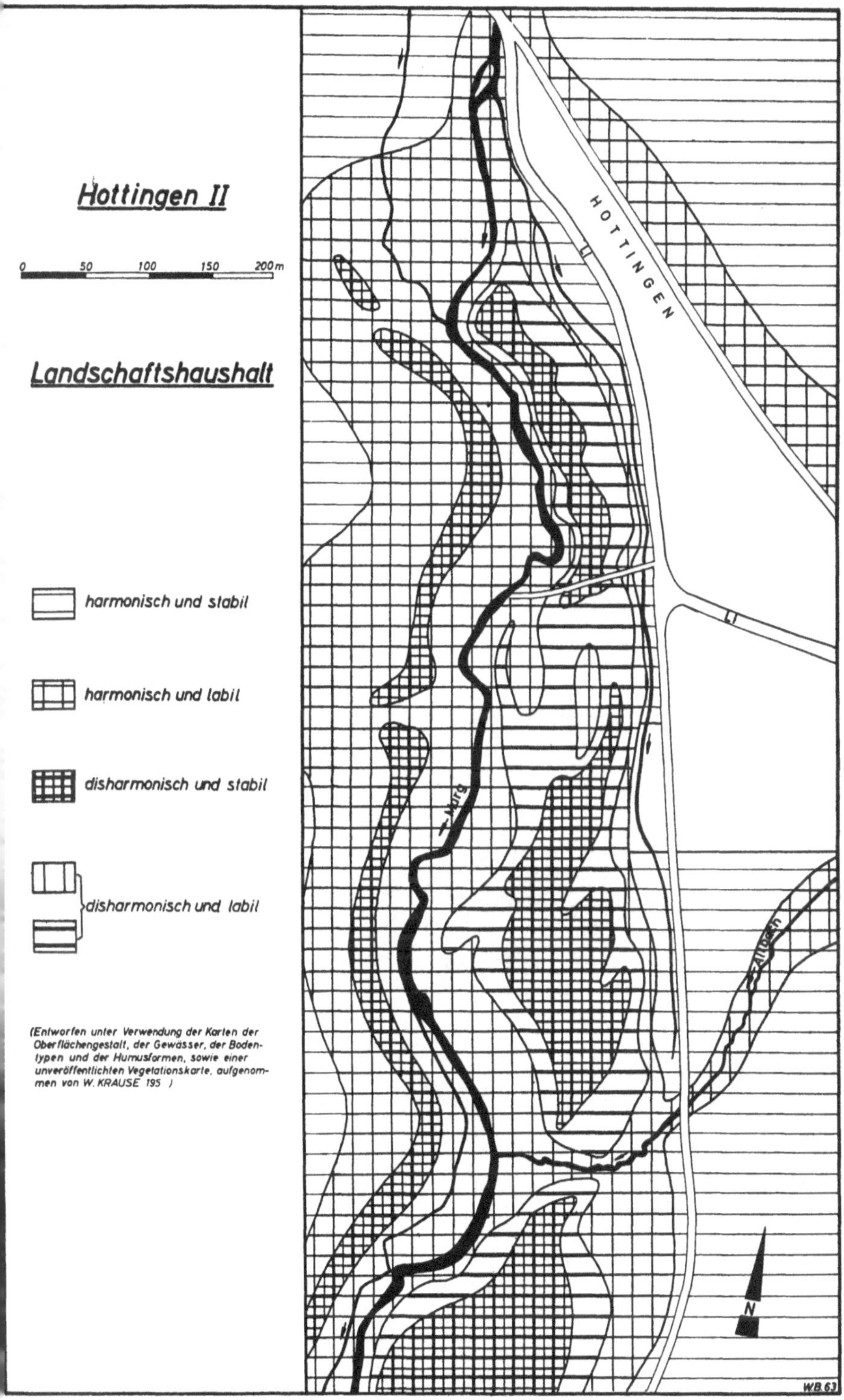
Hottingen II
0
50
100
150
200 m
Landschaftshaushalt
harmonisch und stabil
harmonisch und labil
disharmonisch und stabil
disharmonisch und labil
(Entworfen unter Verwendung der Karten der Oberflächengestalt, der Gewässer, der Bodentypen und der Humusformen, sowie einer unveröffentlichten Vegetationskarte, aufgenommen von W. KRAUSE 195)
HOTTINGEN
Murg
Altbach
N
W.B. 63

KARTE 11

Giersbach

0 50 100 150 200m

Landschaftshaushalt

Karte 11

harmonisch und stabil

disharmonisch und stabil

harmonisch und labil

disharmonisch und labil

Entworfen unter Verwendung von Aufnahmen der Oberflächengestalt, der Gewässer und der Bodenbildungen sowie der Vegetationskarten von KRAUSE (1956). - Topographische Grundlage: Top. Karte 1: 25000 Nr. 8314, mit Genehmigung des Landesvermessungsamtes von Baden-Württemberg. *Vergrößerung 1:5000*

FSC
www.fsc.org
MIX
Papier | Fördert gute Waldnutzung
FSC® C083411

Zeitfracht Medien GmbH
Ferdinand-Jühlke-Straße 7
99095 Erfurt, Deutschland
produktsicherheit@kolibri360.de